機械学習
ガイドブック

RとPythonを使いこなす

櫻井 豊 著

本書に掲載されている会社名・製品名は、一般に各社の登録商標または商標です。

本書を発行するにあたって、内容に誤りのないようできる限りの注意を払いましたが、本書の内容を適用した結果生じたこと、また、適用できなかった結果について、著者、出版社とも一切の責任を負いませんのでご了承ください。

　　本書は、「著作権法」によって、著作権等の権利が保護されている著作物です。本書の複製権・翻訳権・上映権・譲渡権・公衆送信権（送信可能化権を含む）は著作権者が保有しています。本書の全部または一部につき、無断で転載、複写複製、電子的装置への入力等をされると、著作権等の権利侵害となる場合があります。また、代行業者等の第三者によるスキャンやデジタル化は、たとえ個人や家庭内での利用であっても著作権法上認められておりませんので、ご注意ください。
　　本書の無断複写は、著作権法上の制限事項を除き、禁じられています。本書の複写複製を希望される場合は、そのつど事前に下記へ連絡して許諾を得てください。

出版者著作権管理機構
（電話 03-5244-5088, FAX 03-5244-5089, e-mail：info@jcopy.or.jp）

JCOPY ＜出版者著作権管理機構 委託出版物＞

はじめに

　本書は機械学習の入門者から中級者までの比較的広いレンジの読者層を想定し、ある程度長く使っていただくことを前提にしたガイドブックです。機械学習を理解して実践するのに必要なさまざまな要素を幅広い領域から選別し、できるだけ簡潔でわかりやすく書くことを心掛けました。そして、できるだけ実践に役立つ情報を入れるように意識しました。

　盛り込んだ内容は、機械学習の概要の説明と主要なアプローチのPythonによる実践（第1章と第5章）、機械学習の歴史と主要なアルゴリズムの説明（第2章と第3章）、RとPythonの説明と連携（第4章、第7章と付録B）、機械学習を正しく使い性能を引き出すためのさまざまな注意点（第6章）、Kerasという素晴らしいライブラリを使ったディープラーニングの実践（第8章）、機械自身がゼロから、囲碁や将棋の最高のソフトを超えるレベルまで学習する、アルファゼロの説明（第9章）、そして線形代数や確率・統計など機械学習の基盤となる数学の概要（付録A）です。

　機械学習を学ぶには、各アプローチが機能している仕組みを理解して実践を繰り返すことが大事ですが、そのためにはかなり広い領域の知識が必要になります。理論やメカニズムを理解する基盤になるのが広い領域に渡る数学の知識です。一方、実践の基盤になるのがRやPythonの実践的な知識と経験です。そして機械学習のアプローチやその実践を支えるRやPythonの機能は、凄まじい勢いで進化を遂げつつあります。

　このように、尋常でないスピードで進化を遂げている機械学習とその周辺の環境を学ぶためには、学ぶべき対象を「選択」し、それを簡潔でわかりやすい形で「整理」し、読者が「実践」して学習する際の要点を伝えることが不可欠です。本書の執筆では、できるだけ良いものを、そして類似の機能があればできるだけ新しいものを選別することを心掛けました。「歴史」について比較的多くのページを割いているのは、アプローチが生まれた歴史的な経緯を理解することが、機械学習のアプローチ

iii

の整理に大いに役立つと考えているからです。

　入門者の方は、まずは本書の第1章と第5章を中心に取り組んでください。ここは機械学習の基礎的な手法をいちばん簡単な問題で実践している部分です。その際に、scikit-learnのマニュアルや付録Bをできるだけ頻繁に確認することをお勧めします。第2章から第4章はところどころ難しいところもあるかも知れませんが読み物と考えていただければ十分に楽しめると思います。ただし、これらの部分を、少し時間をかけて何度も読みながら第5章の実践を繰り返せば、きっと機械学習に関する多くのことがみえてくるようになると思っています。第6章以降、付録までの部分は少し難しい点もあるかもしれないので、まずはわかる部分だけ、断片的に読み物として使ってください。ただし、ここでも、今の機械学習の本当に大事なアプローチを選択して整理しています。もし入門者の方が、機械学習を学習し続けるのであれば、本書はきっと長い期間に渡って良い伴侶になるのではないかと期待しています。

　中級者の方には、前半のいくつかの章については簡単に思える部分もあるかもしれません。そう感じた部分は飛ばしながら読んでください。ただし、そうした章でも、よく読んでいただければ、これまでにない発見があると考えています。また本書の後半部分は、中級者の方でも十分読み応えがあり、実践しがいがある内容になるように意識しています。とくに最後の第8章と第9章の内容が十分に理解できるのであれば、かなりのレベルに到達したのだと思います。付録Aの数学は線形代数や確率・統計分野の簡潔なまとめとして、機械学習以外の目的でも使えるようなものを意識して作りました。付録BのRとPythonの対比表も、日ごろのコード操作の便利表として使ってもらえればありがたいです。

　2019年、桜の季節

櫻井　豊

Contents
目次

はじめに iii

第 1 章　機械学習とは何か、どんな働きをするのか　　　1

1.1 機械が学習し分類（判別）や予測（回帰）をする 2

1.2 学習と予測のプロセス 3

1.3 機械学習の学習方法の分類 5

1.4 AI と機械学習の関係 6

1.5 機械学習を発展させた三つの重要なデータセット 8

1.6 IRIS：20 世紀古典的データセット 10

1.7 ディープラーニングを発展させた
　　　手書きの数字 MNIST データセット 11

1.8 ではどうやって機械が分類や予測をしてくれるのだろうか? 13

1.9 直線的な分類の代表的な手法　ロジスティック回帰 15

1.10 直線から曲線、そしてより複雑な曲線へ 17

1.11 ぎざぎざの線による分類 19

1.12 近いものを集めて分類する方法 22

1.13 ディープラーニングを発展させた画像データの構造
　　　（ImageNet）... 23

第2章 機械学習小史： 機械学習ブームの基盤を作った主人公たち　　27

- **2.1** AI・人工知能の歴史概要 28
- **2.2** 現在の機械学習の発展を支えた要因 30
- **2.3** ベイズ統計を作ったベイズとラプラス 32
- **2.4** 近代統計学の確立者で IRIS データセットを使ったフィッシャー 34
- **2.5** コンピュータと機械学習の父、チューリング 37
- **2.6** SVM に関連する理論を構築したロシアの天才ヴァプニク 38
- **2.7** 単純な木（ツリー）構造のアプローチを大変身させたブレイマン（ランダムフォレスト） 41
- **2.8** 現在世界中で最も活用されているディープラーニングの構造を作った福島邦彦（CNN） 44
- **2.9** ニューラルネットの技術を開花させたルカンとヒントン 47
- **2.10** ディープラーニング・ブームの到来 49
- **2.11** DeepMind と強化学習 52

第3章 ぜひ使ってみたい役に立つアルゴリズム　　55

- **3.1** 機械学習の性能の推移 56
- **3.2** 二値分類問題の基本形のロジスティック回帰 57
- **3.3** 正則化による回帰学習の過学習リスク抑制 59
- **3.4** 怠惰学習とからかわれるが意外に強力な k 近傍法（k-nn） 62
- **3.5** 作ってみると面白い階層的（hierarchical）クラスタリング 64
- **3.6** 非階層的なクラスタリング手法の k 平均法 66
- **3.7** 21 世紀序盤の流行アプローチの SVM 67

3.8 ランダムフォレストと勾配ブースティング 70

3.9 ディープラーニングといえば
まずは畳み込みニューラルネットワーク（CNN）.................................. 73

3.10 2012 年の AlexNet 登場以来のディープラーニング 77

3.11 人間のタスクを機械自身が学習する強化学習 78

第4章 R と Python   81

4.1 機械学習を実践するなら R か Python は必須 82

4.2 統計とグラフィックの R 言語 84

4.3 独特な哲学を持つ Python 87

4.4 Python と機械学習 90

4.5 RStudio と Jupyter Notebook 91

4.6 R による機械学習向けの主要なパッケージ 94

4.7 Python で機械学習に使われるライブラリ 98

4.8 それぞれの特徴と長所と短所のまとめ 100

4.9 どちらを使うべきか 101

4.10 時代は連携の方向で動いている 102

4.11 R と Python と作業環境のインストール 102

第5章 さあ機械学習の本質を体験してみよう   105

5.1 第 1 章のグラフを Python を使い自分で作ってみよう 106

5.2 IRIS のデータを取得して中身を分析 107

5.3 分類領域のグラフ関数の定義 110

5.4	まずはフィッシャーの直線分類 LDA から	112
5.5	ロジスティック回帰	114
5.6	サポートベクターマシン（SVM）	115
5.7	決定木	119
5.8	ランダムフォレスト	122
5.9	k 近傍法（k-nn）	124
5.10	慣れてきたら、少しずつパラメータを変えてみよう	125
5.11	R を使っても同じような分析ができる	126

第6章 機械学習を上手に使いこなすコツ　129

6.1	機械学習を実践するポイント	130
6.2	データの形式を理解して常に確認しよう	131
6.3	データの正規化（特徴量のスケーリング）の必要性	133
6.4	学習データの役割とテストデータの役割	136
6.5	特徴量の選別（次元削減）	138
6.6	適度な正則化の実施	139
6.7	適切な学習データ量と少ない場合の対応	142
6.8	ちょっと待て、特徴量はそれでよいのか?	143
6.9	アプローチの選択時に考慮すべきこと	145
6.10	各アプローチの特徴を整理する	147
6.11	アプローチのメカニズムとパラメータの役割を理解しよう	150
6.12	時系列データの扱いの注意点	150

第7章　RとPythonの連携　153

7.1 RとPythonのいいとこ取りをすれば最強 154

7.2 実はRとPythonの一体化はかなり進んでいる
（reticulateの活用）.. 155

7.3 Rのggplot2による美しく柔軟な描図 158

7.4 RによるIRISデータの事前準備 160

7.5 RStudioでscikit-learnのk平均法を使う 164

7.6 PythonからRを使う 168

7.7 PythonからRのxgboost()関数で
勾配ブースティングを試してみる 170

7.8 臨機応変な使い分けがお勧め 173

7.9 時代は連携の方向に動いている 174

第8章　Kerasを使ったディープラーニングの実践　177

8.1 ディープラーニングのライブラリの進歩 178

8.2 MNISTデータの事前処理 180

8.3 KerasとRStudioを使った
MNISTデータのCNNによる学習 183

8.4 学習の実行 185

8.5 機械が誤分類したデータの確認 188

8.6 フィルタと中間層のデータの可視化 191

8.7 畳み込み層の各層の可視化とサンプル画像の状態推移 196

目次

第9章 さまざまなゲームの攻略法をゼロから学習するアルファゼロ 203

9.1 世界を驚かせたアルファ碁からアルファゼロまでの進化 204

9.2 囲碁ソフトの強さを飛躍させたモンテカルロ木検索 (MCTS) 205

9.3 MCTS とディープラーニングを組み合わせた DeepMind 207

9.4 アルファゼロの MCTS とニューラルネットワーク (NN) 209

9.5 アルファゼロの強化学習のプロセス：
MCTS と NN の学習の連携 211

9.6 MCTS のプロセスとしての自己対戦とそのアプローチの進化 213

9.7 ResNet とバッチ正規化 215

9.8 アルファゼロのニューラルネットワーク 216

9.9 PyTorch や Keras を使ったアルファゼロのレプリカの実践 219

付録A 機械学習の基盤となる数学の概要 221

A.1 機械学習の数学的基盤となるベクトル空間 222

A.2 ベクトル空間、ノルム空間、内積空間、
ユークリッド空間とその関係 223

A.3 ドット積、行列、行列積 227

A.4 さまざまな行列の性質とその演算 229

A.5 行列と線形写像、固有値、テンソル、カーネル関数と射影 232

A.6 確率空間、確率変数、確率分布 236

A.7 統計的推定 240

A.8 最適化の手法 242

付録 B RとPythonのデータ分析に関連する 基本的コマンドの比較 245

B.1 基本的機能 246

B.2 ベクトル、行列などの作成と操作および数値計算
（NumPy 機能の対応）.. 248

B.3 データフレームの作成・操作など（Pandas 機能の対応）................ 250

おわりに 252

参考文献とそのガイド 254

索引 259

機械学習とは何か、どんな働きをするのか

第1章　機械学習とは何か、どんな働きをするのか

1.1　機械が学習し分類（判別）や予測（回帰）をする

　そもそも機械学習（machine learning）とは何でしょうか？　少々拍子抜けするかも知れませんが、その意味はほとんど文字通り「機械が自分自身で学習する」ことです。もう少しだけ補足すると「人間がきちんとプログラミングしなくても学習する機械[注1]」ということです。

　では、機械は何をどのような目的で学習するのでしょうか？　この問いのうち、何を学習するのかについては、この後すぐに説明します。二つ目のどのように学習するかという問いは、一言では説明できません。これをお伝えするのが本書の大きな目的の一つであり、読者が本書を読み進めていくにつれて理解を深めていただければ幸いです。そして、三つ目の問いである機械学習の目的ですが、この答えも意外に簡単なものです。機械学習の機械は、学習データ（training data）を使って、分類（判別）や予測（回帰）の情報をアウトプットすることを目的に作られています。

　もちろん、さきほどの機械学習の定義からすれば、機械学習の目的は多様なはずです。実際、将来的にはいろいろな目的で学習する機械がどんどん登場するでしょう。しかしながら、現時点である程度の技術が確立されている分野は分類や予測、後で説明するゲームの攻略などができる強化学習ぐらいです。したがって、本書ではこれらが機械学習の目的であることを前提に議論を進めます。

　ところで、分類や予測とはどういうことなのでしょうか。分類とは、例えば動物が写っている写真を分析して、その動物が犬なのかキツネなのかを分類（判別）したり、A社の株価が明日は上がりそうなのか下がりそうなのかを分類したりすることです。一方、予測とは、写真の動物が犬である確率が70%であるとか、A社の明日の株価は現在の株価より10円高いと予想したりすることです。

　「あれ、なんだかどっちも似ているじゃないか？」そう思われた読者も多いのではないでしょうか。賢明な読者の推察は、実はそのとおりなのです。例えば、犬であることの予想値がほかに比べていちばん高ければ犬と分類できるし、明日の株価が現在より高い価格であると予想されれば「上がる」と分類できます。つまり、だいたいの場合は分類も予測もほぼ同じことなのです。「だいたい」といったのはもともと分類だけをするような学習のパターンもあるからですが、これについては後で説明

注1　機械学習の歴史的な定義としては、AIのパイオニアの一人であるアメリカのアーサー・サミュエル（Arthur Samuel, 1901 – 1990）による「きちんとプログラムしなくても学習する能力をコンピュータに与えることを研究する分野（field of study that gives computers the ability to learn without being explicitly programmed）」がよく参照される。

します。

分類 (判別) ≒ 予測 (回帰)

予測と分類が似ているとしても、例えば5円上がるとか10円上がるといった予測のほうが、単に「上がる」というより多くの情報を含んでいると思いませんか。これもそのとおりなのです。機械が分類をするときは、たいていの場合はどの分類カテゴリーの可能性が高いかをまず連続的な数値として算出していて、その数値を元にいちばん可能性が高いカテゴリーのラベルを答えとしてアウトプットしているのです。つまり分類とは予測の結果を単純化した形でアウトプットしているといえるかもしれません。こうしたことから、予測と分類の定義を、機械の出す答えが数えられる有限個の答え (ラベル) である場合を分類、連続的な値を取り得る場合を予測とする場合もあります。

いずれにしても、機械が学習データから予測する能力を学習できれば、分類もできることがわかりました。つまり、機械学習とは学習データを機械に学習させて、なんらかの予測情報をアウトプットさせるものだといえます。

学習データを使って機械に予測する能力を学習させる

1.2　学習と予測のプロセス

機械はどのような形態で学習と予測をするのでしょうか。機械学習では、**図1-1**のように、初期のモデルを設定して、そこから学習データを使ってより良いモデルへの学習をさせます。人間が最終モデルのプログラムを直接書くのではなく、機械自身が学習するプロセスがあるところが機械学習が機械学習たる所以です。

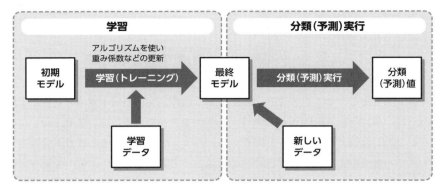

図 1-1　機械学習の学習と予測のプロセス

　機械学習には、サポートベクターマシン（SVM）やニューラルネットワーク（単にニューラルネットともいう）などいろいろなアプローチがあって、初期モデルではそのなかのどのアプローチを使うのか、そしてモデルの入力パラメータにどのような値を設定するかを決めます。アプローチの選定やパラメータの設定がモデルの性質に大きな影響を与えます。アプローチによってはその後の学習をスムーズに進めるために事前学習という準備体操のようなものを行うこともあります。

　モデルの設定が終わると、次のステップは学習で、ここが機械学習において非常に大事なところです。学習のプロセスでは、例えば、学習データをインプットした場合に、モデルが間違った答えを出すリスク[注2]をできるだけ減らすように、モデルの内部の「重み係数」などの内部パラメータを少しずつ調整するような計算がされます。このプロセスはアプローチの種類や学習データのサイズによっては大きな計算負荷がかかる可能性があります。学習は英語ではトレーニングといいますが、学習するというより、トレーニングするといったほうがニュアンスとしてよりふさわしいかもしれません。

　学習データに対して、（損失関数の値の大きさなどで計測される）エラーのリスクをできるだけ減らせば、モデルは完成して最終モデルになります。この最終モデルが、学習データ以外の別のデータでも良い具合に分類（予測）できれば、このモデルはうまく機能するわけです。後で説明しますが、通常は最終モデルとする前に、テストや検証を行ってその結果によってはもう一度、初期データの設定と学習をやり直すことになります。図には書きませんでしたが、テストや検証も機械学習の大事

注2　典型的には平均二乗誤差（MSE）などが、そのリスクの大きさを示す指標になるが、アプローチによってさまざまなエラー計測方法が工夫されている。

なプロセスです。

　これも後章で詳しく説明しますが、学習というプロセスをスキップして、いきなり分類を実行するようなアプローチもあります。例えば階層的 (hierarchical) クラスタリングやk近傍法などです。

1.3　機械学習の学習方法の分類

　前節の学習の例で、「学習データのインプット項目を書き込んだ場合に、モデルが間違った答えを出すリスクをできるだけ減らすように」学習させると書きましたが、このように、インプット項目と正解値 (正解ラベル) がセットになったデータを使って学習させるアプローチを、「教師あり学習 (supervised learning)」といいます。例えば、ある手書きの数字の画像を行列の数値として変換したデータと、その画像がどの数字であるかという正解値のデータの両方を学習データとして大量に機械にインプットして、数値を正しく分類するように機械に学習させるのが、教師あり学習のやり方です。

　現在活発に使われている機械学習の多くは教師あり学習で、本書のこれからの説明の多くの部分も教師あり学習に関するものです。ただし、教師あり学習では、学習データに正解のラベルを付加する必要があるのですが、この作業がしばしば大きな負荷になるという欠点があります。

　正解ラベルがない学習データを使って分類などを行う手法を「教師なし学習 (unsupervised learning)」といいます。教師なし学習はデータに内在する規則性を機械自身が独自に発見する方法です。データをいくつかの種類に分類するクラスタリングや、異常値を検出するためのアプローチなどに使われ、今後はニューラルネットワークなどでも教師なし学習が広がりそうな兆しがあります。また、一部の学習データにのみ正解ラベルを付ける「半教師あり学習」もあり、これも今後はさらに広まると予想されます。

　機械学習には正解ラベルの有無とは別の角度で分類されるアプローチもあります。その代表は「強化学習 (reinforcement learning)」という手法です。これは、正解自体は与えられないが、選んだ解の良さを判断できる場合に、最良の解を選択する学習をする枠組みで、人間の意思決定や制御などに応用できます。強化学習の特徴は、単なる分類や予測のための機械という機能的な役割だけでなく、もっとスケールの大きく複雑なシステムの枠組みとなり得る点です。ある意味ではAIという

言葉に最もふさわしい機械学習といえるかもしれません。実際、Googleの子会社のDeepMindが開発したアルファ碁が2016年に囲碁の世界のトップ棋士に圧勝して世界を驚かせましたが、アルファ碁はディープラーニングなどほかの機械学習を内部に取り込んだゲームマシンなのです。DeepMindは翌年の2017年暮れには、この機械を多数のゲームをゼロから学習して攻略できるアルファゼロに進化させました。これらについては後章で詳しく説明します。

表1-1　機械学習の学習方法の分類

学習方法の分類	内容
教師あり学習 (supervised learning)	学習データとして、モデルへのインプット項目と正解値（正解ラベル）をセットとして与えて、モデルが正解の導く規則を学習させる方法。つまり学習データに正解ラベル（例えば、この画像は犬、この画像はキツネといった具合）を貼って学習させる方法。現在の機械学習の主流のやり方だが、ラベルを貼る手間がかかる
教師なし学習 (unsupervised learning)	学習データに正解ラベルを貼らずに学習する方法。これは、データに内在する規則性を機械自身が独自に発見する方法で、クラスタリングや異常値検出などではこの方法を使うことが多い
半教師あり学習 (semi-supervised learning)	一部の学習データのみ正解ラベルを貼る方法。少量の正解付きデータを用いることで、大量のラベルなしデータをより簡単に学習させられることがある
強化学習 (reinforcement learning)	正解自体は与えられないが、選んだ解の良さを判断できる場合に、最良の解を選択する学習をする枠組み。環境が確率的に変化するような状況で試行錯誤しながら最善の答えを出す手法として利用される

1.4　AIと機械学習の関係

　さてここで、少し視点を変えて人工知能と機械学習の関係について説明しておきましょう。人工知能（AI：Artificial Intelligence）という言葉はややあいまいで広い概念です。人工知能という言葉の起源は1956年、アメリカのダートマス大学で開かれた会議（一般に「ダートマス会議」といわれます）の際に、主催者のジョン・マッカーシー（John McCarthy, 1927 – 2011）が「人工知能の研究者が集まって会議をすることを提案する」という言い回しの提案書を作ったのが始まりとされます。ダートマス会議によって「人工知能」という用語が定着して、その後の研究課題が共有化され、現在の研究に直接的につながる研究が始まったのです。この提案書には、さらにマッカーシーが抱いていた人工知能のイメージが記されていました、それは次のような内容です。

- 機械が言語を操ること
- 機械が抽象化やコンセプトから、今は人間しかできないような問題解決をすること
- 機械が自分自身で改善すること

　一方、機械学習という言葉は、AIに比べるとかなり具体的な内容です。冒頭でも説明したように、機械学習の意味はその名のとおり、自分自身で学習することができるような機械（による学習）を指すからです。そしてさきほど説明したように、機械の学習の方法は（現時点では）主として、教師あり、教師なし、強化学習、そしてそれらの組合せなのです。

　現在、機械学習に分類されるアプローチの多くは、もともとは別の呼び方をされることも多かったようです。例えば、『線形回帰』『カーネル回帰』など統計分析の用語や『パターン認識』などの情報処理の用語で括られることもありました。しかしながら、近年、とくに今世紀に入って、当初の比較的簡単で分類・回帰の能力があまり高くない状態から、次第にアプローチの改善によって「機械自身が学習する」という言葉にふさわしい構造と性能を持ち得るようになってきました。その結果、最近では機械学習という名前に統一されてきたようです。

　最近流行のディープラーニング（深層学習）の性能向上は機械学習の名前を有名にした原動力の一つです。20世紀半ばに考案された人間の脳の機能の簡単なモデル化から出発して、現在は非常に大規模かつ工夫を凝らした構造に変身して優れた画像識別性能などを発揮しています。これは、まさに機械学習という名にふさわしいかもしれません。一方で、20世紀前半から存在するような線形分類モデルなどは、機械学習と呼ぶには大げさと感じる向きも少なくないようです。

　AIと機械学習、ディープラーニングの関係は**図1-2**のようになります。機械学習はAIの一種と分類され、AIのなかでもとくに進歩が著しい分野であるともいえます。そして、機械学習の現時点における最高峰とも呼べる存在は、Google子会社が開発した世界を驚かすような機能を有するアルファゼロです。これは、さまざまな機械学習やその他のアルゴリズムを素晴らしい形で駆使した機械であり、AIという名にふさわしい機械でもあります。

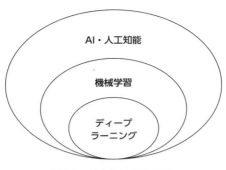

図 1-2　AI と機械学習の関係

1.5　機械学習を発展させた三つの重要なデータセット

　話題を機械学習に戻しましょう。機械学習のアプローチや技術の発展には、いくつかのデータセットがたいへん重要な役割を果たしてきました。つまり、共通のデータを使うことによってモデルの性能が比較しやすくなるのです。機械学習は、それらのベンチマークのデータセットを正確に分類することを、大きな目標の一つとして発展してきました。

　表1-2は、そのなかでもとくに有名なデータセットで、これから機械学習を学んでいく際には、至るところでこれらのデータの話題に遭遇するはずです。本書ではできるだけこれらのデータを利用して説明や分析をします。

表1-2　機械学習の歴史上、学習上の重要なデータセット

	作成年	次数、データ個数	概要
IRIS	1936	4次元 150個（50 × 3）	3種類のアヤメ（IRIS）に関する四つの特徴（がくの長さ、がくの幅、花弁の長さ、花弁の幅）
MNIST	1998	784次元（28 × 28） 6万個（学習用） 1万個（テスト用）	手書きの数字のデータ、0から9までの10種類
ImageNet	2009	コンテストで利用されるサイズは、150,528次元（224 × 224 × 3） 当初1,000万個でその後年々増加 （1万種類以上の対象物）	動物、植物、身の周りのものなどさまざまな対象のカラー画像で、ILSVRCという画像識別コンテストに使われる

　詳しくは次節以降に説明しますが、まずはデータセットの概要を説明しましょう。

最初の有名なデータはIRIS（アヤメ）のデータセットです。これは、1930年代に、20世紀の統計学の基礎を築いた、ロナルド・フィッシャー（Ronald Fisher）が機械学習の先駆けとなる研究をした際に用いた歴史的なデータです。ここでは3種類のアヤメの品種について、それぞれのがく（sepal）と花弁（petal）の大きさ（それぞれ長さと幅）の特徴から種類を判別しようというものです。つまり、分類に使われる特徴はIRISデータでは四つあります。機械学習では、これらの特徴を示す数値化された要素を特徴量[注3]（feature）と呼び、特徴量を要素とするベクトルを特徴ベクトルと呼びます。IRISデータの特徴ベクトルは4次元ということになります。

表1-3　特徴量と特徴ベクトル

	説明
特徴量（feature）	学習データの個々のサンプルにどのような特徴があるのかを示す、数値化された要素。属性（attribute）と呼ばれることもある
特徴ベクトル（feature vector）	特徴量を集めて構成されるベクトル

　次のMNIST（「エムニスト」などと発音する）のデータはディープラーニング発展に大きな役割を果たしたヤン・ルカン（Yann LeCun）らが、IRISから62年後の1998年にまとめたモノクロの手書きの数字のデータです。MNISTデータの各サンプルは28×28のピクセル（画素）の色の濃さを数値化したデータからできています。つまり、各データは784（＝28×28）次元のベクトル[注4]で成り立っているのです。

　最後のデータは、2010年から画像認識のコンテストで使われるようになったImageNetという画像ですが、これはこれまでのデータと全く桁違いのサイズになります。ImageNetの画像は鮮明なカラー写真で、コンテストではそれらを15万以上（カラー三原色[注5]についてそれぞれ224×224）の画素数に収まるサイズに変形して機械によって認識させます。画像の対象物のカテゴリー数も1万種類以上という桁違いに大きなデータです。画像のサンプルは後ほどご紹介しますが、「ホントに機械が識別できるの？」と思ってしまうようなデータです。これらのデータについて、次にもう少し詳しく説明していきます。

注3　特徴量という訳語が定着したが、本来は単に「特徴」と訳したほうが正しいように思える。量という言葉は、数値化された特徴という意味で付加されたのだろう。

注4　784個のベクトルは並べ方を変えれば、28×28の行列として扱うことができる。したがって、この特徴ベクトルを行列とみなして扱うこともできる。実際、画像データなどはベクトルでなく行列や配列として取り扱うことが多い。

注5　カラー画像の色は、赤、青、緑の三原色の組合せとして表現できるので、三つの行列のセットとして数値化できる。

第1章　機械学習とは何か、どんな働きをするのか

1.6　IRIS：20世紀古典的データセット

　まずIRISのデータから説明しましょう。3種類のアヤメの名前はsetosa（セトサ）、versicolor（バージカラー）、virginica（バージニカ）といい、データセットは、それら三つのIRISの種類がそれぞれ50ずつ、全部で150個体のデータからなります。そして、それぞれのがく（sepal）と花弁（petal）の大きさ（それぞれ長さと幅）という合計四つの特徴量から種類を判別しようというものです。

　図1-3はそれぞれ三つの個体のデータの一部を抜き出して表示したものですが、20世紀の機械学習では、この程度のデータの複雑さを使って分類性能を比較していたわけです。

	がく(Sepal)の長さ	がくの幅	花弁(Petal)の長さ	花弁の幅	種類
1	5.1	3.5	1.4	0.2	setosa
2	4.9	3.0	1.4	0.2	setosa
3	4.7	3.2	1.3	0.2	setosa
51	7.0	3.2	4.7	1.4	versicolor
52	6.4	3.2	4.5	1.5	versicolor
53	6.9	3.1	4.9	1.5	versicolor
101	6.3	3.3	6.0	2.5	virginica
102	5.8	2.7	5.1	1.9	virginica
103	7.1	3.0	5.9	2.1	virginica

図 1-3　アヤメのデータの一部（R の datatable という関数で表示）

　たった150個のデータなので、特徴数を絞れば全てのデータをプロットするのも簡単です（**図1-4**）。

10

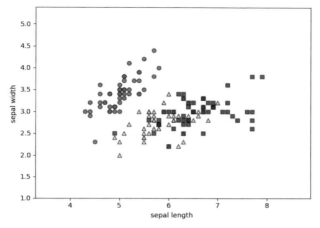

図1-4　IRISデータセットのがく（sepal）の長さと幅

　こうしてみると、がくの大きさだけで分類するのは少し難しそうですね。一方の花弁のサイズは後で示す図1-9に現れるように3種類のIRISの特徴がよく出ていて、これだけである程度の分類ができそうです。MNISTデータの説明の後に詳しくみていきます。

1.7　ディープラーニングを発展させた手書きの数字MNISTデータセット

　20世紀の終盤に、コンピュータの性能が飛躍的に向上すると、IRISのデータなどでは機械の分類能力をテストするには全く物足りないものになりました。手書きの数字の画像MNISTは、こういう事情から、ルカンらがまとめたものです（**図1-5**、**図1-6**）。ルカンらは、数字の画像の識別が簡単になりすぎないようにかなりクセのある画像も混ぜています。

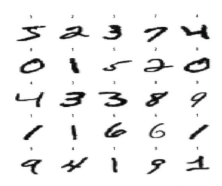

図1-5　MNISTデータのサンプル

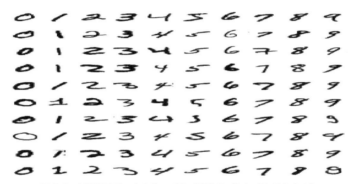

図1-6　MNISTデータのサンプル（各数字ごとにまとめたもの）

　どうでしょうか。例えば「3」と「5」の区別など、人間が読んでも判断が難しそうな文字が含まれていると思いませんか。さて、MNISTのデータの構造をもう少し詳しくみていきましょう。

　$28 \times 28 = 784$個のピクセルは、0から255までの整数の値をとります。この図では値が0のピクセルは白で、数字が大きくなるにしたがって黒くなっていき、255でいちばん濃くなるように表示させています。つまり各数値の画像は長さ784で各要素が0から225までのいずれかの整数の値をとるベクトルとして表現されます。例えば、「4」の数字の画像（**図1-7**）の一つのベクトルを28個ずつ折り返して3次元に変換してみると**図1-8**のようになります。

図1-7　MNISTの「4」の画像の一つ

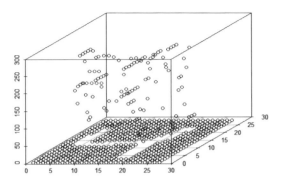

図1-8　「4」の画像データの3D表示（Rのscatterplot3d関数を使用）

　MNISTデータセットには学習用のデータが6万、学習したモデルの精度のテスト用データが1万用意されていて、それら全てはこのようなデータ構造をしています。

1.8　ではどうやって機械が分類や予測をしてくれるのだろうか？

　カラー画像のImageNetの説明は後回しにして、IRISやMNISTのデータを機械がどのように分類するのか、まず考えてみましょう。インプットされるIRISデータセットの各データは4次元の特徴ベクトルを持ち、MNISTの手書きの数字は784次元の特徴ベクトルを持つと説明しました。これを機械（コンピュータ）によってどのように認識するのでしょうか。

　データの特徴を表すベクトルの次元が高いと視覚化が難しいので、まずはIRISデータの花弁の長さと幅という二つの特徴量を使って考えていきます。**図1-9**はIRISデータセットの花弁（petal）の長さと幅によって2次元のプロットをしたもので、丸印がsetosa（セトサ）、三角印がversicolor（バージカラー）、四角印がvirginica（バージニカ）です。

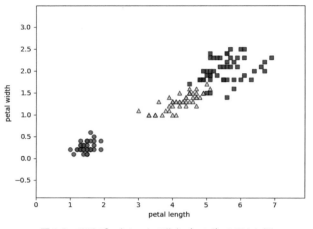

図1-9　IRISデータセットの花弁（petal）の長さと幅

さて、この3種類のデータをどのようにすれば分類できるのでしょうか。なんとなく適当に2本の直線を引けば三つの種類の領域をだいたい分離できそうですね。**図1-10**は、筆者の勘で線を引いてみたものです。

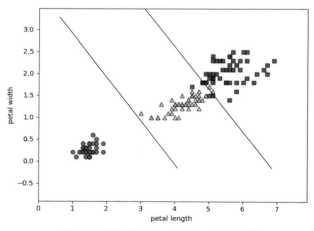

図1-10　筆者の勘で引いた2本の直線で分離

いかがでしょうか。もしかしたら読者の勘も意外に近いのではないでしょうか。人間の勘はさておき、もう少し科学的に機械で分別させる方法をみていきましょう。20世紀前半にIRISのデータを世に示したフィッシャーは、当時としては素晴

らしい分類方法を考案しました。それは線形分離分析（LDA：linear discriminant analysis）と呼ばれます。**図1-11**は、Pythonのscikit-learnというライブラリを使って、LDAによって分類した結果です。

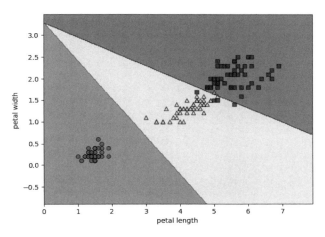

図1-11　フィッシャーの線形分離分析（LDA）による分類

　図の背景の色の違いは、三つの種類に判定される領域の違いを示しています。この手法は、境界線の傾きが少し違いますが図1-10で示した筆者の勘と少し似ていますね。フィッシャーは境界線が最もよく分離できるような状態を定式化[注6]して計算させる方法を考えたのです。

1.9　直線的な分類の代表的な手法　ロジスティック回帰

　20世紀の後半から終盤にかけて、直線的な分類手法は進化を遂げます。その代表的な手法がロジスティック回帰というアプローチで、**図1-12**はその手法によるIRISの分類です。

注6　フィッシャーは、二つのクラスに分離する分類問題では、（クラス間の分散）÷（クラス内の分散）の値を最大化するような直線（超平面）を引くことによって、最もよく分離できると考えた。

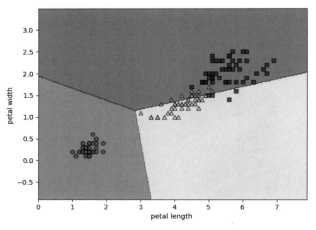

図 1-12　ロジスティック回帰による分類

　ロジスティック回帰は非常にポピュラーな分析手法で、「真か偽か」「オスかメスか」「上昇か下落か」「あるかないか」などという2値を分類する手法として現在でもよく使われています。多くの2値分類の問題が、**図1-13**に示すロジスティック関数の曲線にうまくフィットするのです。これこそが、このアプローチが発展した背景です。この関数は、19世紀半ばに人口増加をモデル化する関数として考案された[注7]ものですが、20世紀半ばには、おもに生物学の領域の2値分類のモデルとして使われるようになりました。

注7　ベルギーの数学者ピエール・フェルフルスト（Pierre Verhulst, 1804 – 1849）によって考案されたとされる。

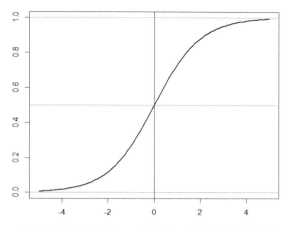

図 1-13 標準ロジスティック関数（ロジット関数の逆関数）

　ロジスティック関数自体は曲線ですが、分類した境界は直線になります。もちろん、視覚的に直線になるのは 2 次元の分類の場合で、より次数が高い場合、例えば 3 次元の場合には境界は平面になり、それ以上次数が高い場合は超平面[注8]という、直線や平面の延長上の面によって分類されます。ロジスティック回帰については第 3 章で詳しく説明します。

1.10　直線から曲線、そしてより複雑な曲線へ

　さて、これまでの線形的な分類で、IRIS の分類問題にはそれなりに対応できました。しかし、この方法では、手書きの数字 MNIST の分類のような高い次数の複雑な問題に対応するには無理があります。手書きの数字の画像でも、次元数が低い単純化したデータなら、ある程度の識別は可能[注9]ですが、28 × 28 のサイズの MNIST データではかなり厳しいのです。

　実は、実世界の多くの問題は直線や平面など[注10]で分離するのが不可能であることが数学的に証明されています。線形分離が可能な集合は「線形分離可能」(linearly separable) といわれますが、現実のデータは線形分離可能でないものだらけなのです。20 世紀の終盤に、このような線形型の分類能力の限界を克服する画期的な

[注8]　n 次元（アフィン）空間の $n-1$ 次元部分空間。例えば 1 次元空間は直線として表せるので、2 次元空間の超平面は直線になる。アフィン空間というのは現実空間であるユークリッド空間を一般化（抽象化）した概念だが、普通の空間と思えばよい。
[注9]　例えば画像のピクセル数を 16 分の 1 程度の 49 個ぐらいに大幅に落とせば、ある程度の識別は可能。
[注10]　2 次元の直線、3 次元の平面を n 次元に拡張したものを超平面と呼ぶ。

手法が生まれました。それがロシアの数学者ウラジミール・ヴァプニク (Vladimir Vapnik) が開発した非線形型のサポートベクターマシン (SVM：support vector machine) です。SVMはヴァプニクにより60年代に考案され、当初は線形型のモデルだったのですが、1998年に非線形型[注11]に拡張されました。同じSVMでもいろいろな種類があります。SVMについては後章で詳しく説明しますが、数学的にも洗練された議論を伴うアプローチであることから、「玄人受け」しやすいという側面もあります。IRISの問題を非線形型のSVMで分類したのが図1-14です。

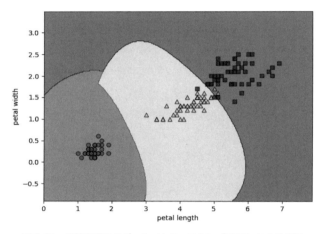

図1-14　非線形型のサポートベクターマシン (SVM) による分類

　非線形型のSVMでは、パラメータの調整によって、曲線の曲がり方の自由度を上げて、さらに複雑な曲線で学習データにフィットさせることも可能です。例えば図1-15です。どうでしょうか？　かなりくねくねした曲線になったと思いませんか。このように、モデルの自由度を上げると複雑なフィットも可能になります。しかし、柔軟にフィットさせることは、良いことばかりではありません。あまり複雑になりすぎると「過学習 (overfitting)」と呼ばれる別の問題も発生するのです。これは学習データの個別性にばかりに適合していて一般化する能力に欠けてしまう問題ともいえます。SVMや複雑なモデルの問題については、後章で詳しく説明していきます。

注11　非線形型のカーネル関数を適用するSVM。後の章で詳しく説明する。

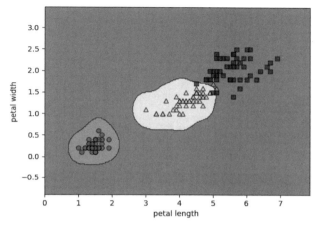

図1-15　SVMの曲線の曲がり方の自由度を上げた場合

1.11　ぎざぎざの線による分類

　非線形のSVMの誕生とほぼ同じころ、それまでとは全く違うアプローチが登場しました。アメリカのレオ・ブレイマン（Leo Breiman）などが発展させた、決定木（decision tree）という古典的な手法をたくさんあわせて（これを「アンサンブル学習」などと呼びます）、優秀な分類器（分類モデル）を作る方法です。

　決定木というのは、**図1-16**のようなツリー構造のフローを上からYes、No（またはTrue、False）で進んでいくとどこに分類されるのかという答えに行きつく手法です。このアプローチは20世紀半ばに登場したAIの古典的なアプローチの一つで、フローチャート型の質問による各種の診断などと類似しています。

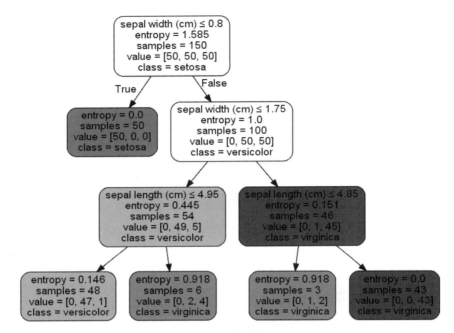

図1-16 決定木によるIRIS分類のフローチャート

フローチャート型の質問のようなツリーは、かなりシンプルにもみえますが、ブレイマンは80年代にいくつかの洗練された要素を取り入れてなかなか優秀な分類装置を作る方法に到達しました。それはCART (classification and regression trees) と呼ばれる決定木です (**図1-17**)。

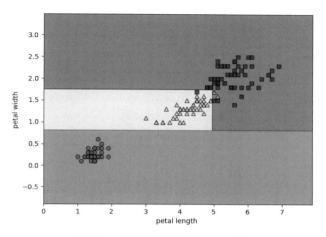

図 1-17　CART という決定木による分類

　決定木は、領域を一直線で分離するわけではないのですが、非線形型のSVMとは違って（2次元の特徴ベクトルの場合は）縦と横の直線によって分離されます。「なんだ直線的な分類とあまり変わらないのか」と思われるかもしれませんが、ブレイマンはCARTの決定木をたくさん集めてアンサンブルさせる方法の研究を進めました。ランダムフォレスト（random forest）はそのなかの代表的なアプローチの一つで、現在機械学習ではSVMと並んで非常によく知られて利用されています（**図1-18**）。また、決定木をたくさん集めると、また違った分別境界になります。

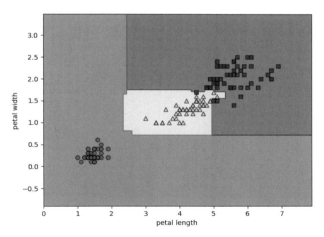

図 1-18　決定木のアンサンブルであるランダムフォレストによる分類

第1章 機械学習とは何か、どんな働きをするのか

単純な決定木では、一つの特徴量の大きさだけで分類する傾向が強かったのですが、これをたくさん作って平均的な値をとれば、各特徴量をバランスよく活用することが可能になります。ランダムフォレストでは決定木ができるだけランダムに作られるようにアルゴリズムが工夫されていて、そうして作られた決定木をアンサンブルさせるのです。ランダムさに徹した手法にはいろいろなメリットがあります。決定木をアンサンブルさせる学習には、ほかに勾配ブースティングという有力な手法もあります。これらについては、後章で説明します。

1.12 近いものを集めて分類する方法

SVMが高度な数学的概念を駆使した「玄人好み」の手法だとすると、その反対に考え方や数式はすごく簡単な一方で、なかなか優秀な性能を出す分類方法も20世紀終盤に誕生しました。20世紀の最後の10年は本当にいろいろな技術が芽生えた時期でした。その手法の一つにk近傍法 (k-nn、k-nearest neighbor) と呼ばれるものがあります。実は、この手法には怠惰学習 (lazy learning) などという不名誉 (?) な呼び名もあります。

詳しくは後章で説明しますが、このアルゴリズムは機械学習のなかでも最もシンプルです。分類しようとしているデータから最も近いk個の学習データを探し出し、多数決でどの種類に属するかを判定するのです。このアプローチはほかのアプローチと違って事前に学習するというプロセスが必要なく、分類の実行時に必要な計算をするという特徴もあります。このように、理論も計算もきわめてシンプルなのですが、分類する能力はなかなかのものなのです。**図1-19**は、k近傍法を使った分類の図です。

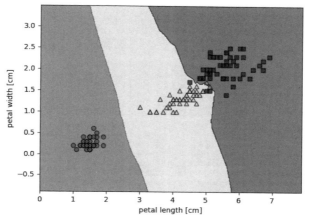

図 1-19 k 近傍法による分類

1.13 ディープラーニングを発展させた画像データの構造（ImageNet）

　20世紀前半に設定されたIRISの分類を例に、機械学習のおもなアプローチを駆け足でみてきました。ただ、近年非常に有名になったディープラーニング（deep learning：深層学習）については本章であえて説明しませんでした。それは、IRISの問題はディープラーニングでお見せするにはあまりにも簡単で、性能は良くとも複雑で取り扱いが面倒なディープラーニングを使うまでもないからです。

　ディープラーニングはニューラルネットワークという人間の脳の働きをモデル化した古くからある機械学習のアプローチを複雑化（多層化）したものです。当初はMNISTデータのような手書き数字の分類などで識別性能を上げることを一つのターゲットにして発展してきました。

　そして、ディープラーニングの性能を大幅に向上させるきっかけになり、また向上した性能を世に示す役割を担ったのがさきほど説明したImageNetの画像データです。**図1-20**は、1万種類以上ある画像のカテゴリーのなかからアライグマ（raccoon）のカテゴリーの画像[注12]を選んでその一部を表示したものです。

注12 http://image-net.org/synset?wnid=n02508021

第1章 機械学習とは何か、どんな働きをするのか

図1-20 ImageNet のアライグマ（racoon）の画像の例

　このような画像の分類問題は、IRISやMNISTとは比較にならないほど難易度が高く、大量のデータを処理する必要もあります。ディープラーニングはそうした問題に対する最適なアプローチであることが、2012年に突然知られるようになって、頭角を現したのです。なぜ突然だったかは次章で説明します。さて、ディープラーニングの説明は後回しにして、画像データの構造についてもう少し説明します。ImageNetの画像を分類するコンテスト（LSVRC）では、画像のサイズを最大224×224のピクセルに変換して分類を競います。しかし、もともとの画像の大きさはまちまちで、224×224より大きいものもあれば、小さいものもあります。**図1-21**は、アライグマの画像の一つですが、もともとのサイズは500×375であったものを224×224に収まるように圧縮したものです。

1.13 ディープラーニングを発展させた画像データの構造(ImageNet)

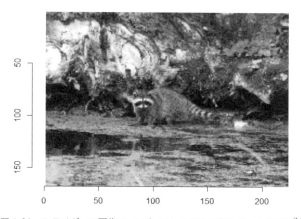

図 1-21　アライグマの画像の一つを 224 × 224 に収まるように圧縮[注13]

　カラーの画像は、赤、青、緑の三原色の三つの画像を重ね合わせてできているので、画像データは (本書ではわかりにくいですが) 次のような同じサイズの三つの色の画像データからなります (**図1-22**)。

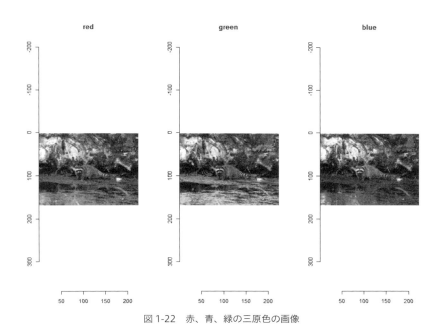

図 1-22　赤、青、緑の三原色の画像

注 13　R の「imager」というパッケージを使用。

各色の濃淡は0から1までの数値として表され、0がいちばん濃い色で、1はいちばん薄い白色です。**図1-23**、**図1-24**は赤色の画像のアライグマの目元の画像と、その数値のデータ（行列）です。機械は、このような行列を読み取り学習を進めます。

図1-24では、8×8のサイズしか表示していませんが、学習に使う画像はこの784倍（＝224×224÷8÷8）の情報量のベクトルが3色分あるのですから、相当なサイズになることがわかります。このようなサイズの画像を大量に扱って分析を進めることは、20世紀のコンピュータで容易ではなかったのです。

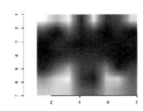

図 1-23　アライグマの目元の画像（赤色）

```
      [,1]  [,2]  [,3]  [,4]  [,5]  [,6]  [,7]  [,8]
[1,] 1.000 0.831 0.996 0.322 1.000 0.337 0.455 0.933
[2,] 0.439 0.106 0.580 0.275 0.380 0.075 0.322 0.082
[3,] 0.004 0.341 0.239 0.173 0.208 0.247 0.153 0.192
[4,] 0.118 0.263 0.361 0.357 0.365 0.255 0.114 0.078
[5,] 0.227 0.584 0.827 0.443 0.404 0.718 0.208 0.416
[6,] 0.753 0.929 1.000 0.396 0.220 0.914 0.918 0.541
[7,] 0.867 0.910 0.890 0.565 0.518 0.824 0.769 0.600
```

図 1-24　目元の画像の数値の行列

機械学習小史:
機械学習ブームの基盤を
作った主人公たち

第2章　機械学習小史：機械学習ブームの基盤を作った主人公たち

2.1　AI・人工知能の歴史概要

　本章では、機械学習の発展に大きな貢献をした人物を中心に、その歴史を辿っていこうと思いますが、前章で説明したとおり機械学習はAIの一つの領域です。そこで、まずは少し視野を広げてAI・人工知能の歴史をざっと振り返ってみます。AIの歴史はよく、「ブーム」と「冬の時代」の繰り返しとして説明されます。ここでは、その形式を使って説明します。

　1956年、AIという言葉が一つの学術分野として定着するきっかけとなった有名な会議が開かれます。それはアメリカのダートマス大学で開かれたAIに関する会議で、一般に「ダートマス会議」といわれます。ダートマス会議によって「人工知能」という用語が定着して、その後の研究課題が共有化され、現在の研究に直接的につながる研究が始まったとされます。この会議をきっかけに第一次AIブームが起きます。

表2-1　AIブームの概要

ブーム	時期	おもなアプローチ
第一次ブーム	1950年代後半〜70年代初頭	〔推論・探索の時代〕〔知能の時代〕 ・決定木による迷路やパズルの回答 ・数学の定理の証明
第二次ブーム	80年代	〔知識の時代〕 ・エキスパート・システム ・ファジー理論
第三次ブーム	2012年ごろ〜	〔機械学習の時代〕 ・深層学習を中心とする機械学習ブーム ・機械学習のツールの充実 ・ディープラーニングによる画像識別
AI利用の定着	2016年ごろ〜	社会での機械学習の応用の定着、なくてはならない存在になる AIという名にふさわしい機械（「アルファ碁」「アルファゼロ」など）の登場

　第一次ブームの60年代は「推論・探索の時代」、あるいは「知識の時代」などと表現されます。人間の脳の働きを模倣するという、人工知能という名称にふさわしい研究も行われましたが、なにか実用的な成果を出すには程遠い状態でした。それに替わって行われたのは、チェスや迷路のようなゲームにおいて、どの選択肢を選ぶのが最善であるかをコンピュータで探し出すというアプローチです。例えば、チェスや将棋のようなゲームは、有限個の選択肢のなかから最善と思われる手を繰り返し選んでいきます。木の枝のように選択肢が分岐して増えていくパターンから最善

28

手を探し出すという意味で「探索木注1 (tree search)」といいます。これは、前章で紹介した決定木に似たツリー構造のアプローチですが、ツリーの作り方が少し異なります注2。探索木の可能性を全てしらみつぶしに確認できれば、最善手がみつかります。もし、パターン数が多すぎて全てのパターンをしらみつぶしに確認できない場合は、少し工夫が必要になります。

　このような探索木のアプローチは、人間が作った数式や推論にしたがって、理論と結果の関係そのまま明確なアルゴリズムが作動するもので、これをAIと呼ぶのは少々大げさであった気もします。こうした理路整然としたアプローチは、パターン数がさほど大きくないゲームのようなものには有効であっても、パターン数がさらに大きいものや、離散的でパターンに分類できないような問題には対処できないからです。さらには、この当時のコンピュータは能力という意味でも普及度合いという意味でも、利用は限られたものでした。こうして、第一次人工知能ブームの熱は去ってしまいました。

　再びAIが脚光を浴びるのはエキスパート・システムに対する期待が高まった80年代です。エキスパート・システムは、専門家(エキスパート)の知識が必要となるような仕事を機械に代替させるというものです。エキスパート・システムの特徴は専門家の知識をルール化して活用することです。エキスパート・システムの応用が試みられたのは、医療、会計、金融などです。しかしエキスパート・システムが成功を収めた分野は期待されたほどの広がりをみせず、次第にそうした分野でも失望感が高まりました。多くの分野において専門家の知識は曖昧なニュアンスのものや規則間でお互いに矛盾するものも多く、うまく定式化できなかったからです。期待が大きかった分、失望も大きく、90年代には、AIは再び冬の時代に入ります。

　20世紀に主流であったAIの基本的な特徴は、人間が作った数式や推論、ルールを使ったアルゴリズムに沿って、機械が動くというものです。こうしたアプローチは、AIという名が付けられていますが、実際にはプログラム化された機械といったほうがよかったかもしれません。そして、このアプローチには限界があったのです。ただし、一般に冬の時代といわれたこの時代にその後の機械学習の発展に大きく寄与するような重要な研究が数多くなされていたことも付け加えておかなければなりません。それについては次節以降で少しずつ説明していきます。

　21世紀に入ると、メディアなどで取り上げられることは少なかったのですが、前

注1　とくにゲーム用の探索木をゲーム探索木(game tree search)などともいう。
注2　両者は同じツリー構造だが、決定木は全ての枝を作って回帰や分類をするのに対し、探索木では探索に必要な部分の枝しか作らないという違いがある。

第2章　機械学習小史：機械学習ブームの基盤を作った主人公たち

世紀終盤からの機械学習をはじめとする各種統計分析の技術の発展が次第に明らかになってきました。SVMやツリー構造のアルゴリズム、各種クラスタリングの基本的な手法がこの時期にできあがりました。そして2012年に、画像認識のコンテストILSVRCでディープラーニングが桁違いの性能をみせたことで、近年の大ブームにつながっていくのです。

2.2　現在の機械学習の発展を支えた要因

近年の機械学習の技術の進歩について別の角度から考察してみましょう。前章では機械学習の発展に大きな役割を果たしたいくつかのデータセットについて説明しましたが、ベンチマーク的なデータセットの変化は機械学習の発展の歴史そのものといってもよいかもしれません。**表2-2**はデータセットを規模の拡大の観点でまとめたものです。

表2-2　データセットの規模の拡大の歴史

		分類種類	特徴ベクトルの次数	学習データ数
1936	IRIS（アヤメ）	3種類（アヤメの種類）	4次元	150（50 × 50）
1998	MNIST（手書き数値）	10種類 （0から10の数値）	784次元 （= 28 × 28）	6万
2010	ImageNet（カラー画像）	1,000種類[注3]	150,528次元	1,000万

1930年代のフィッシャーがIRISのデータを作ってから、20世紀末にルカンらがMNISTのデータセットを作って機械学習の性能を試したり競ったりするための新しい基準として登場するまで、実に62年の歳月を要したのは重要なことです。

IRISのデータはわずか4種類の特徴量を持つたった150個のデータにすぎませんでした。これは、機械を使わなくても、人間が一つひとつのデータの特性をじっくり確認できるレベルです。20世紀のほとんどの時期においてこの程度のデータを相手に、機械学習の研究をしてきたのです。

コンピュータの性能は90年から急激な進歩を遂げます。そして20世紀も終わりがみえてきた時期に、ようやく、機械でないととても手に負えないくらいの特徴ベクトルの次数やデータ数が普通のPCを使って扱えるようになります（**図2-1**）。

注3　ImageNetのデータセットには1万種類以上のカテゴリーがあるが、コンテスト（ILSVRC）ではそのうち1,000種類のデータが使用される。

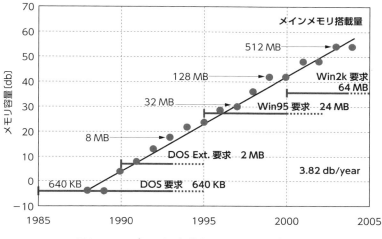

図2-1 コンピュータの標準的なメモリのサイズの推移

　MNISTデータは全部で容量が12 MBほどあるので、OSや利用するソフトが使うメモリなども考慮すると、この分析に必要なメモリは20世紀終盤でもPCではかなり難しい状態でした。これが、ImageNetの2012年時点では150 GB近いサイズになっています。このサイズは、現在の性能が良いPCでも一度には処理できません[注4]。また、このような大規模なサイズのデータについて機械学習を行うには大規模な装置が必要になります。ImageNetの画像分析のコンテストについては後で説明しますが、ディープラーニングを有名にした2012年のニューラルネットワークは65万のニューロンと6,000万のパラメータを持つ巨大で複雑な構造になりました。

　いずれにしても、ここ20年のコンピュータの性能の進歩には改めて驚かされますが、機械学習の進歩と、コンピュータのハードとソフト両方の進歩は切っても切り離せなかったのです。もちろん、大量で複雑なデータの分析には、メモリだけでなく、学習データやソフトなどいろいろな要素が揃う必要がありました。**表2-3**でそれらを簡単に説明します。

注4　ただし、次章でまた説明するが、ディープラーニングは学習を逐次的に行うミニ・バッチ学習というアプローチが使えるので、時間をかけて少しずつ学習させられる。

表2-3 機械学習を発展させたさまざまな要素

要素	説明
ハードウェア	CPUの性能向上や大量かつ複雑なデータがハンドリング可能なメモリなど
学習データ	高品質で大量のデータの存在
アルゴリズムやネットワークの進歩	機械学習のアルゴリズムやディープラーニングの場合はネットワーク構成の進歩
ソフトプラットフォーム	RやPythonなどのプログラミング言語とそのライブラリやツールの進歩
GPU	Nvidia社のGPUなどによる単純反復計算の高速化

　もうひとつ、近年の機械学習の広がりに大きな役割を果たしているのが、Kaggle（「カグル」などと発音）などのデータ分析の世界的なコンペです。Kaggleは2010年にオーストラリアで始められましたが、その主催会社であるKaggleは2017年にGoogleに買収されました。Kaggleでは入門者向け、研究者向け、商用向けなどのカテゴリー別にさまざまな課題が準備され、現在登録者は100万人を超えているそうです。インドでもこれに似たコンペが始まりました。こうしたコンペは機械学習の浸透や裾野の拡大に大きな役割を果たしました。

2.3 ベイズ統計を作ったベイズとラプラス

トーマス・ベイズ

　さて、ここからは、もう一度過去に遡って、機械学習の発展に重要な影響を与えた人物を中心に、機械学習の歴史をざっと説明していきます。

　機械学習を学ぼうとする読者であれば「ベイズ統計」という言葉は聞いたことがあるでしょう。では機械学習とベイズ統計にはどんな関係があるのかご存知でしょうか。

2.3 ベイズ統計を作ったベイズとラプラス

　ベイズ統計は、簡単にいうと「確率的な統計（推論）モデルにとりあえず適当な初期値を与えて、実際に観測された事象をもとに、統計モデルを徐々に修正して、より適切なモデルに到達させる」というアプローチをとる統計方法です。修正をするために必要な関係式がベイズの定理によって与えられるので、ベイズ統計と呼ばれます。もう、お気付きになったと思いますが、このアプローチは前章で説明した機械学習の学習プロセスそのものなのです。

　ただし、読者が機械学習を実践する際は、これがベイズ統計の原理を使っているということを全く意識しないでも使えます。その原理は機械学習の各アルゴリズムのなかに織り込まれており、利用するライブラリの関数のなかにすでにベイズの定理の結果が反映されているからです。

　ベイズ統計の根幹となるベイズの定理は次のような数式で、これを考え出したのはスコットランドの神父にして数学者でもあるトーマス・ベイズ（Thomas Bayes, 1702 – 1761）です。江戸幕府の8代将軍徳川吉宗とほぼ同じ時代の人物ですから、かなり昔の時代の方です。

$$P(A|B) = \frac{P(B|A) \cdot P(A)}{P(B)}$$

$P(A)$: 事象Aが起きる確率

$P(A|B)$: 事象Bが起きた後で事象Aが起きる確率（条件付き確率）

　$P(A|B)$という表記は条件付き確率を表します。ベイズの定理は（ある事象が起きる）確率と条件付き確率の関係を示したもので、非常に簡潔な定理なのですが、その意味するところは深淵です。神父だったベイズは、「ベイズ統計」を提唱したわけでなく、単にベイズの定理を思い付いただけとされます。「ベイズの定理」は彼の死後に遺稿から発見されたもので、友人が定理を発表しましたが、ほとんど反響はありませんでした。

　ベイズの定理を近代的に定式化して、ほかの分野への応用として取り入れたのは18世紀のフランスの数学者であり物理学者でもあるピエール＝シモン・ラプラス（Pierre-Simon Laplace, 1749 - 1827）です。ラプラスはラプラス変換（微分方程式）や「ラプラスの悪魔」でも知られる、自然科学の領域の有名人物の一人です。ラプラスはベイズの定理の存在を知らずに独力で同じ定理に辿り着き、後から先人が

33

いたことを知ったそうです。ラプラスが、ベイズの定理に現在の形の解釈を行ったことで、ベイズの定理とその統計への活用は広く認知されるようになりました。つまり、ベイズの定理を統計的なアプローチとして発展させたのはラプラスなのです。

ラプラスによって確立されたベイズ統計は、19世紀末にやや衰退し、次に説明するフィッシャーやネイマンら統計学の権威たちによる攻撃を浴びて20世紀前半に決定的な衰退期を経験することになります。とはいえベイズの定理の有用性が地球上から忘れ去られたわけではなく、この後説明するチューリングは第二次大戦中の暗号解読にベイズの定理を活用しました。一方で統計のアカデミズムの世界では、ベイズ統計は「異端」扱いをされ続けました。その復権は、20世紀終盤の機械学習の隆盛まで待たなければなりませんでした。AIは何度か冬の時代を経験したと説明しましたが、その理論の根幹を支えるベイズ統計も厳しい冬の時代を経験したという事実は、たいへんに興味深いところではあります。

2.4 近代統計学の確立者でIRISデータセットを使ったフィッシャー

ロナルド・フィッシャー

アカデミズムの世界でベイズ統計に否定的な考えを根付かせるのに決定的な役割を果たしたのは、イギリスの統計学者であり熱心に進化論を支持する生物学者でもあったロナルド・フィッシャー (Ronald Fisher, 1890 - 1962) です。フィッシャーがそのような影響力を与えられたのは、彼自身が近代統計学の確立に大きく貢献した人物だからです。

20世紀主流の統計学を築いたことで有名な人物はフィッシャーのほかに、カール・ピアソン (Karl Pearson) とイェジ・ネイマン (Jerzy Neyman) らがいます。筆者

の学生時代を含めて、ひと昔前の統計学の標準的な教科書は彼らの作り上げた体系を説明するものでした。フィッシャー個人の業績は、実験計画法、分散分析、最尤法、小標本の統計理論分散分析、前章で紹介した線形判別法など多岐に渡ります。

これらは、いずれもたいへんに重要な業績です。例えば、実験計画法は、農業試験における経験から、良い結果を得るために効果的に実験を計画し、その実験で得られたデータを適切に解析する方法を示したものです。実験計画法は、その後、医学、工学、化学などの実験に広く応用されるようになりました。

フィッシャーは独創的で天才的な研究者である一方で、とても攻撃的な性格の持ち主だったことでも知られています。とくにともに近代統計学の確立に大きな貢献をしたピアソンとその息子のエゴンやネイマンとは非常に仲が悪く、いくつかの論点についての彼らの長年に渡る論争は有名です。実はこれは、後からみれば不毛な論争だったようです[注5]が、このような一面を持つフィッシャーはベイズの定理も忌み嫌い激しく攻撃しました。彼の代表的な著作の一つである「研究者のための統計的方法」の第1章序説では「すなわち逆確率の理論はある誤謬のうえに立脚するものであって、完全に葬り去らなければならないのである」と記しています。「逆確率の理論」とはベイズの定理のことで、この一文はベイズ統計への攻撃として非常に有名なものとなりました。

なぜフィッシャーはベイズの定理を忌み嫌うようになったのでしょうか。そのルーツはフィッシャーの登場以前からの、統計学に支配的な考え方にあったように思われます。フィッシャーたちが確立した20世紀主流の統計には、「母数」という重要な概念があります。「母数」とは、分析しようとしている対象の「真の」（平均、分散など）統計的性質のことです。20世紀前半の統計学では、真の値である母数は神のみぞ知る値であり、その値をどうやって推測するかに主眼をおいて研究していたのです。

ベイズの定理は、使い方によっては観測された確率（条件付き確率）から真の確率（条件付きでない確率）を導くことが可能です。そして、この方法によるアプローチでは、どうしても母数自体が神のみぞ知る神聖な値ではなく、確率的に変動する不確かな値であるという考え方や、事前確率を恣意的に設定する方法につながってしまいます。当時の統計の世界で、このように一見相反するような考え方を許容すると、統計という学問自体が混乱するという危機感を持ったのかもしれません。

注5　フィッシャーとピアソン親子の論争やネイマンへの攻撃については、『統計学を拓いた異才たち』（デイビッド・サルツブルグ著、日経ビジネス人文庫、参考文献 [42]）に詳しい。

第2章　機械学習小史：機械学習ブームの基盤を作った主人公たち

　フィッシャーやネイマンはベイズの定理を排除する形で、統計学の理論的な体系付けに成功しました。こうして、ベイズ統計がアカデミックな世界では異端扱いされるようになり、それは実際に最近まで続いていたのです。

表2-4　フィッシャーなどの統計方法とベイズ統計の違い

統計方法	説明
フィッシャー流の推論 （推測統計、頻度統計）	対象の母数（真の統計的性質）が不変なものであり、それを観測データから推測しようとするアプローチ。部分から全体を推測するともいえる。集団の規則性は大量の標本を観察することによってのみ発見できるものだという考え
ベイズ統計	母数は未知であり、標本から母数自体を推測しようとするアプローチ

　ベイズ統計の完全復活は機械学習の開花によってもたらされました。近年の機械学習は、樹木構造型、SVM、ディープラーニングなどでその性能を高めようとすればするほど、ベイズの定理を多用する必要性が高くなります[注6]。

　ベイズ統計や機械学習の話をすると、どうしてもフィッシャーにとってネガティブな話題が多くなってしまうのですが、フィッシャーの功績のなかで、機械学習にとって重要な要素として生き残っているものもあります。それは、「最尤法」と呼ばれる推定方法です。例えば平均や分散という基礎的な統計量（統計の世界における平均、分散などの総称）の推定にはいくつかの有力な方法が存在します。最尤法はそのなかの一つで、最も確からしい（そうである確率が高い）値をもって推定値とするアプローチです。最尤法は機械学習の計算の至るところで現れます[注7]。もう一つ、フィッシャーの貢献はIRISのデータセットを作ったことにあります。IRISのデータは本書を含めて、統計分析手法の説明や入門において欠かせないものになっています。

　さて、このように、機械学習の発展に功罪両方あったフィッシャーですが、彼にとっていちばん大事なものであったと考えられる統計学の体系については、当時その体系が筋の通ったものにするために排除したベイズの定理（逆確率）が、その経験的な有用性によって今や主流ともいえる状態になりつつあり、彼の理想から大きく変化しています。もちろん、今後もフィッシャーのアプローチは一定の分野で利用され続けるとは思いますが、ベイズ統計の応用はまだまだ勢力を拡大しそうな気配です。

注6　前章で説明したフィッシャーの線形分離分析（LDA）は、ベイズ統計を利用したものではない。
注7　例えば、次章で説明するロジスティック回帰の最適化計算では、最尤法が用いられることが多い。

36

2.5　コンピュータと機械学習の父、チューリング

アラン・チューリング

　次に20世紀前半から中盤にかけて活躍し、現在のAIや機械学習の基礎になる理論を作るとともに、その繁栄を予言した人物を紹介します。彼の名はアラン・チューリング（Alan Turing, 1912 - 1954）、イギリス人です。チューリングは、コンピュータ、AI、機械学習の全てにおいてそのコンセプトを先取りした一方、悲劇的な人生[注8]を送った人物としても知られます。

　チューリングはさまざまな業績を残しましたが、その一つはベイズ統計を活用して、第二次大戦終盤にドイツ軍の「エニグマ」いう有名な暗号を読み解いたことです。エニグマは1918年に発明された天文学的なパターン数を持つ暗号であり、第二次大戦時にはさらに工夫が施されてその解読はきわめて困難とされました。ドイツはこの暗号に絶大な信頼を寄せて大戦が終わるまで使い続けましたが、チューリングは、当時開発されていた暗号解読機の論理構造にベイズ推定の手法を取り入れて暗号解読に成功していたのです。もし、チューリングがエニグマ暗号を解読していなかったら、イギリスはドイツに負けていた、という主張もあるほどです。ただし、このチューリングの機械の存在は戦後も長い間秘密扱いとされたので、ベイズ統計の威力を発揮した逸話も長い間知られませんでした。

　チューリングは、現在のコンピュータの基本的な原理となるチューリング・マシンを考案した人物としても知られています。チューリング・マシンとは、次のようなハードウェアとソフトウェアを持つ、現在のコンピュータと基本的に同じ構造の機械です。

注8　チューリングの功績と生涯は2014年に公開された映画『イミテーション・ゲーム／エニグマと天才数学者の秘密』（The Imitation Game）に描かれている。

- ハードウェア（メモリであるテープと、テープを左右に動かし読み書きできる装置：有限オートマトン）
- ソフトウェア（テープに記載できる記号群と、ハードである有限オートマトンの状態遷移規則群）

　オートマトンとは機械のことで、コンピュータの歴史で重要な単語の一つです。チューリングのすごいところは、コンピュータの役割や機能が散文的にしか説明されていなかった時代に、機械の要件やそれがどんな計算が可能なのかをきっちりとした数理論理学的なアプローチで解き明かしたことです。数理論理学的とは、なにか具体的な計算内容について論じるのではなく、抽象的な定義に演繹を積み重ねて議論するという意味です。

　デジタル・コンピュータが出現し始めた1950年に、チューリングは、コンピュータの将来を予言するような有名な論文を発表します。それは「計算する機械と知性（Computing Machinery and Intelligence）」と題する論文で、「機械が思考」することができるかどうかを見分けるテストを考案したのです。テストの内容は、人間が機械Aと人間Bに対して相手の姿が見えない部屋で両方と会話をした場合に、AとBのどちらが機械であるかを判別できるかどうかというものです。もし判別できない場合、つまり機械が人間のふりをしたことに気が付かなければ、機械は「思考」しているとしたのです。これはのちにチューリングテストと呼ばれて、AIの能力に関する有名なテストになります。

2.6　SVMに関連する理論を構築したロシアの天才ヴァプニク

ウラジミール・ヴァプニク

2.6 SVMに関連する理論を構築したロシアの天才ヴァプニク

　ここからはいよいよ、現在の機械学習の有力なアプローチを直接作った人物の話に移ります。まず登場してもらうのが、サポートベクターマシン（SVM）に関連するさまざまな概念や手法を作り上げたロシアの数学者、ウラジミール・ヴァプニク（Vladimir Vapnik, 1936 - ）です。筆者の個人的な感想ですが、ヴァプニクは非常に高度な数学的抽象化の能力と実用性への展開力を同時に併せ持った稀有な人物ではないかと思っています。

　ヴァプニクは50代半ばまで旧ソ連（ロシア）で過ごし[注9]、1990年にアメリカに移住しました。ソ連時代の1963年に同じロシアの数学者チェルヴォーネンキス（Chervonenkis）とともにSVMとそれに関連する理論を発表します。初期のSVMは線形分離可能な問題にしか対応できない（現在の線形カーネルを使ったアプローチに相当する）手法でした。とはいえ、このSVMによって、線形分離問題の境界の定め方にマージンという概念を取り入れ、それを最大化するような形で分離するという画期的な発想が導入されました。

　この時期のヴァプニクの業績にはもう一つ重要なものがあります。それは、機械学習において、分類機械のサンプルの母集団に対する識別の誤差（これを汎化誤差といいます）について、数学的に議論の展開のうえに立つ見事な評価の理論を提案したことです。具体的には70年代に機械学習のモデルの複雑さをVC次元（Vapnik-Chervonenkis dimension）という指標として計測する手法を提案したことです。そして、この理論のもとで、SVMが高い汎化能力（generalization）を実現できるポテンシャルがあることを示したのです。汎化能力とは学習時の訓練データに対してだけでなく、未知の新たなデータに対しても正しく予測できる能力のことで、日本語では「一般化能力」と訳したほうがわかりやすいかもしれません。汎化能力というのは機械学習の重要な単語の一つなのでぜひ覚えておいてください。

　これらの業績は、パターン認識など情報処理の最先端を扱っていた研究者の間では広く知られ大きな影響を与えました。今でも、アカデミックな方々にはSVMが大好きな方が多いように見受けられますが、それはきっと高度な数学的な議論と実用性を兼ね揃えたアプローチだからでしょう。

　ヴァプニクは旧ソ連が崩壊した1990年にアメリカに渡り、1992年に発表した論文で、カリフォルニアの同僚研究者とともにSVMに非線形のRBF（Radial Basis Function）というカーネル関数の導入を提案します。RBFはガウシアン・カーネル関数とも呼ばれます。前章でご紹介したSVMによる分類は実はRBFカーネルを

注9　余談だが、この時代のソ連は芸術、科学分野で多くの素晴らしい人材を輩出していたことが改めて実感される。

39

使っていましたが、くねくね曲がる分類境界はこのカーネル関数の導入によって可能になったのです。さらに1995年にはソフトマージンというタイプのSVMを導入し、現在のSVMとほぼ同じ構造になりました。つまり、SVMのアプローチが完成したのは比較的最近のことなのです。

　カーネル関数RBFとその特性についてもう少しだけ説明しましょう。カーネル関数というのはデータ空間の二つの点から正の実数への写像のなかで、かついくつかの条件を満たす関数[注10]であり、RBFはそうした関数の一つで次のような関数 K で表されます。

$$K(x, \hat{x}) = \exp(-\gamma \|x - \hat{x}\|^2)$$

　ここで$\|x - \hat{x}\|^2$の部分の二重バーの記号はノルムという2点間の距離を一般化した概念ですが、通常は最も一般的な距離であるユークリッド距離を使います。したがってRBFは**図2-2**のように二つの点の（ユークリッド）距離（ノルム）が0のときに最大値1をとり、距離が離れるにつれて0に近づくような関数となり、γ（ガンマ）が大きいほど尖った形状になります。RBFは正規分布の密度関数と全く同じ形なので「ガウシアン・カーネル」[注11]とも呼ばれます。ガンマはSVMを実践するうえでも重要なパラメータなのでよく覚えておいてください。

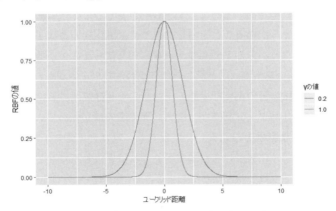

図2-2　ガウシアン・カーネル（RBF）の形状

注10　データ空間をΩとすると$K : \Omega \times \Omega \to R^+$で、対称性とグラム行列の半正定値性を持つ関数。
注11　正規分布はフランスの数学者アブラーム・ド・モアブルによって導入されたが、後年ドイツの大数学者ガウスが定式化し、誤差がこの分布にしたがうことを示したのでガウス分布とも呼ばれる。

ある点から、同じ距離に位置する点の集合は、2次元の場合は円、3次元では球であり、それ以上の次元では超球面といいます。RBFのRは「radial」の頭文字ですが、これは「放射状の構造物」という意味があります。RBFをカーネル関数として使えば、二つの点の関係を曲面的に捉えられるのです。このような性質によって非線形的な分類が可能になります

また、カーネル関数を使えば、たとえ特徴ベクトルが高次元のデータであっても、各点の相互の関係をカーネル関数で計測した距離の2次元の行列として簡略化して捉えられます。この性質は「カーネルトリック」といい、SVMなど、カーネル関数を使ったアプローチの大きな利点です。

SVMの性能向上という意味では、カーネル関数RBFやソフトマージンの導入は非常に大きなブレークスルーで、これによってSVMは画像認識など線形分離不可能問題にも優れた性能を発揮するようになりました。カーネルトリックやソフトマージンについては次章で説明します。

90年代から2000年代初めにかけて、広範囲の応用分野について最も性能が良い機械学習はSVMとみなされていました。実際、2012年にディープラーニングが突然凄まじい性能を発揮するまでは、画像認識の領域においてもSVMと別の技術を融合[注12]させた方法が最も性能の良いモデルになると考えられていたのです。

2.7　単純な木（ツリー）構造のアプローチを大変身させたブレイマン（ランダムフォレスト）

レオ・ブレイマン

SVMがヴァプニクによって作られ改良を重ねられたのと同様に、ツリー（木）構

注12　SVMは画像の回転に脆弱なので、インプットする前に別のモデルで、画像の回転に頑強になるように特徴量を抽出する処理などが行われた。

第2章　機械学習小史：機械学習ブームの基盤を作った主人公たち

造のアプローチではアメリカの統計学者レオ・ブレイマン（Leo Breiman, 1928 – 2005）がその発展に重要な役割を果たしました。

　もともとツリー構造を使った各種の分析は、AIの黎明期である20世紀半ばから盛んに行われた、当時の有力なアプローチの一つで、たくさんの回答候補のなかから最も適当な解を探り当てる探索木や、チェスの最適手を検索するゲーム木、計画や目標の意思決定をサポートする決定木などが盛んに研究されました。

　決定木のなかでも、機械学習において分類や予測をする決定木については、60年代に考案されたAID分析（automatic interaction detector analysis：自己相互作用検出法）などが出発点の一つとされます。AID（エイド）分析はおもにマーケティング上の予測ツールなどの目的で開発されたAIの分析手法で、顧客の属性による行動の違いを、ツリーの分岐によって予測するものです。このころのツリー構造のアプローチは、直感的にもわかりやすいうえに、非線形的な因果関係にも対応するという点が広く受け入れられました。

　素朴だった決定木を、回帰や分類を目的とする、洗練されて優れたアプローチとして飛躍させたのがブレイマンです。1984年にブレイマンがCART（classification and regression tree：分類・回帰木）という決定木の作り方の改良を考案したことによって、決定木のアプローチは理論的にも性能的にも大きく飛躍しました。

　CARTでは、それまでは単に新たな枝分かれを停止するようなルールによって決められていたツリーの成長（枝の分岐）について、はるかに洗練されたアプローチが導入されました。枝分かれによって増大する不均一性（impurity）の程度をジニ係数[注13]によって計測し、それが最小となるような分岐方法が採用されたのです。CARTでは、さらに枝の刈り込みによる最適化も行われます。CARTの登場によって、決定木に学習の最適化や過学習の抑制などが明示的に導入され、その後枝分かれに物事の不確かさを測る尺度のエントロピーを用いる決定木なども登場しました。こうしてCARTは、例えば医療の分野などでは重要な意思決定支援装置になりました。現在では決定木の最もスタンダードなアプローチになっています。

　90年代に入るとブレイマンはさらなるブレークスルーを起こします。彼は複数の決定木を作って、お互いに補完することで単独の決定木の弱点を克服する方法を発展させたのです[注14]。このような手法は「アンサンブル学習」と呼ばれます。あまり強

注13　ジニ係数は社会の所得分配の不平等さなどを測るためによく使われる指標である。ジニ係数とエントロピーについては第5章で詳しく説明する。

注14　決定木をアンサンブルさせる方法の最初の考案は、1995年に当時ATTベル研究所にいたTin Kam Hoによるものとされる。

42

力でない（弱い）学習機械をたくさん集めると、しばしばより強力な学習機械となるのです。アンサンブル学習の登場によって、ツリー構造の機械学習はその性能と用途の面で格段に広がりました。

　ブレイマンが当初考案したのはバギング（bagging）という手法です。これは学習データからランダムに部分集合（学習データ）を作ること（これをブートストラップ（bootstrap）という）を繰り返し、それらのデータに対し決定木を作りアンサンブルさせる方法です。ブレイマンはバギングをさらに発展させてランダムフォレストを提案しました。ランダムフォレストでは、データをランダムに選ぶだけでなく、特徴量もランダムに選ぶようになりました。これによって、ランダムフォレストは、過学習リスクがとくに[注15]少ないという、機械学習のアプローチとして希少で重要な性質を獲得することになりました。ランダムフォレストは、SVMなどほかの有力な機械学習のアプローチと比較しても、多クラスの分類問題に強い、過学習しにくい、変数重要度がモニターできるなど、さまざまな独自のメリットがあるアプローチです。

　ツリー構造のアンサンブル学習としては、ほかにブースティッドツリー（boosted tree）と呼ばれるアプローチも誕生しました。これは、アンサンブルさせるツリーをランダムに作るのではなく、意図的にそれまでの木の弱点を克服するように作るアプローチです。ブレイマンはこの方法にさらに工夫を加えて、勾配ブースティング（gradient boosting）というアプローチを考案しました。勾配ブースティングは識別対象によってはランダムフォレストより優れた分類性能を発揮します。近年は画像などの知覚的識別の問題以外においては非常にポピュラーなアプローチになっています。ただし、勾配ブースティングはランダムフォレストより過学習しやすくなるという一面もあります。

注15　後章で説明するように、もともとツリー構造のアプローチは過学習のリスクが相対的に少ないが、ランダムフォレストはとくにそのリスクが少ないアプローチである。

2.8 現在世界中で最も活用されている
ディープラーニングの構造を作った福島邦彦（CNN）

福島邦彦

　次は近年とくに話題豊富なディープラーニングについてです。ディープラーニングにはいくつかのアプローチがあります。そのなかでも実務的な目的で圧倒的に支持されているのが「畳み込みニューラルネットワーク（CNN：Convolutional Neural Network)」です。これからCNNの歴史を簡単に辿りますが、実はその発展にはある日本人研究者も大きな役割を果たしています。

　ニューラルネットとは脳が働くメカニズムを模した数理的モデルの一種で、信号の伝達する層が多数あるタイプのことです。ニューラルネットの原型は20世紀の前半にすでに考案されています。ニューラルネットは、人間の脳の高度な機能とAIというイメージの重なりもあって、20世紀の半ばに何度か注目と期待を集める時期がありました。しかし、これまでは何度もその期待を裏切って、AIの冬の時代を招いたことは前述のとおりです。ニューラルネットはとくに長い冬を経験したアプローチで、本当に実用性の高いアプローチであると広く認識されるようになったのは、つい最近のことです。

　認められるまでに長い歴史が必要だったのは、高性能になるためには複雑で計算負荷が大きい構造と、エンジニアリング的な試行錯誤が必要だったためです。この点では、これまで紹介したSVMやツリー構造のモデルなど一人の天才的な研究者の画期的なアプローチによって一気に性能が向上するようなパターンにはならず、何人かの研究者が非常に重要な仕事をしています。

　人間の脳の伝達の仕組みを数理モデルとして活用しようとした最初の試みは、第二次大戦中の1943年に発表されたアメリカの神経科学者ウォーレン・マカロック

(Warren McCulloch, 1898 – 1969)と数学者のピッツ(Pitts)による研究であるとされます。マカロックらは、人間の脳神経には、情報が「全か無か(all-or-none)」という形で伝わる特性があることに関心を持ち、それを真似た数理的な回路を作ろうと試みたのです。これを形式ニューロンと呼びます。

1958年、アメリカの心理学者フランク・ローゼンブラット(Frank Rosenblatt, 1928 - 1971)は形式ニューロンをパーセプトロンに発展させました(**図2-3**)。1949年にカナダの心理学者ドナルド・ヘッブ(Donald Hebb, 1904 - 1985)が発見した「同時に発火したニューロン間の結合(これをシナプスという)は強められる」という法則を、形式ニューロンに導入したのです。

単純パーセプトロンによる分類はまさに人々の期待するAIのイメージに重なるものであり大きな期待を集めました。しかし1963年にアメリカの数学者マービン・ミンスキー(Marvin Minsky, 1927 - 2016)と彼の友人の数学者によって単純パーセプトロンでは線形分離不可能な問題を解けないことが数学的に証明されてしまいました。結果、それまでの世間の期待は一気にしぼんでしまい、AIは最初の冬の時代に突入したといわれます。

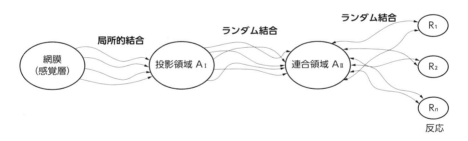

図2-3　ローゼンブラットのパーセプトロン

このような環境下で地道な研究を続けていた研究者の一人が、当時NHK放送技術研究所にいた福島邦彦です。1979年、福島は生物医学の研究などを参考にして、パーセプトロンをさらに発展させたネオコグニトロンを提案しました(**図2-4**)。これは畳み込みニューラルネットワーク(CNN)と外見上は同じ構造のネットワークです。

ネオコグニトロンが画期的だったのは、ネットワークに二つの役割の違う細胞(ネットワークの層)を配置した点です。福島は二つの層を単純型細胞(S細胞)と複

雑型細胞（C細胞）と呼びました。これらは、現在のCNNにおいては畳み込み層、プーリング層と呼ばれます。詳しくは次章で説明しますが、畳み込み層は元の画像の圧縮、抽象化によって特徴を抽出する機能があり、プーリング層はさらに情報を圧縮して位置のずれなどを修正する機能があります。こうした機能は実際の脳神経の働きとほぼ一致しているのです。これらの特性によってCNNの位置のずれや回転に対する頑強さの基盤ができたのです。

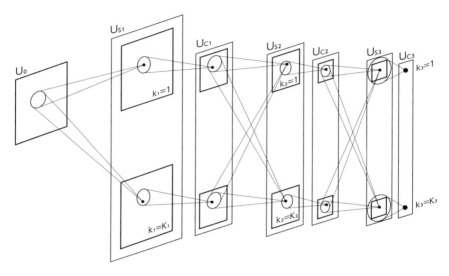

図2-4　福島邦彦のネオコグニトロン

当時、福島が分類しようとしていたのは前章で紹介したMNISTのデータよりは簡単な手書きの数字です。福島によって、CNNはネットワークの構造自体は現在とほとんど同じ形になりましたが、その枠組みの潜在能力を引き出すには、さらに多くの時間が必要でした。

2.9 ニューラルネットの技術を開花させたルカンとヒントン

ヤン・ルカン

ジェフリー・ヒントン

　福島が考案したCNNの原型をさらに発展させたのはフランス人のヤン・ルカン（Yann LeCun，1960 - ）です。ルカンの業績は90年代に福島が提案したCNNの形式の上手な使い方、すなわち上手な学習方法を確立したことです。

　図2-5はルカンが1994年に発表した論文に掲載された、LeNet-5と名付けられたCNNの構造です。LeNet-5は福島の単純 (S) 細胞と複雑 (C) 細胞をそれぞれ3層と2層配置し、出口層の前に2層の全結合層を配置した立派なディープラーニングの構造です。ルカンのLeNet-5の出現によって、ディープラーニングは手書きの数字の画像データ[注16]の分類で当時最高の分類能力を誇っていたSVMと同程度の分類能力を獲得しました。ただし、取り扱いが容易なSVMに比べて、構造が複雑で設定や学習にたいへんな時間と労力が必要なニューラルネットは、一般的な注目を集めることはなかったようです。

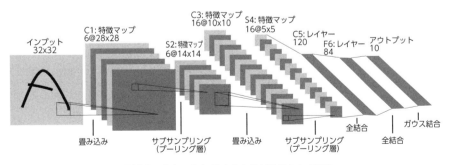

図 2-5　ルカンの LeNet-5 と名付けられた CNN

注16　このときルカンが使ったデータは後に MNIST データに発展する NIST データであり、MNIST より難易度が低く、サンプル数も少なかった。

第2章　機械学習小史：機械学習ブームの基盤を作った主人公たち

　ルカンの業績はこれだけにとどまりません。彼は整備したMNISTのデータを使って機械学習のさまざまなアプローチを比較しながら、CNNの性能向上を模索しました。この比較結果は次章で紹介します。彼の論文を読むと、非常に労の多い仕事を地道にかつ着実に行ってきたことがよくわかり本当に頭が下がる思いです。

　さて、ルカンとともにディープラーニングの歴史上、たいへん有名な人物はルカンの先生でもあるイギリス出身のジェフリー・ヒントン（Geoffrey Hinton, 1947 - ）です。ヒントンの業績は非常に多岐に渡りますが、その一つは1986年、ニューラルネットの学習方法に誤差逆伝播法（backpropagation）という現在最もよく使われている学習アルゴリズムを導入したことです。ルカンのCNNもこの学習方法を利用しています。

　ニューラルネットにおける学習とは、各層へ伝播される刺激の量を調整するための、各結合の重み係数を修正していくことです。誤差逆伝播法はニューラルネットの入り口から出口に向けて学習するのではなく、出口における予測誤差を元に出口に近い層から順に重み係数を修正していくのです。出口から学習するアプローチ自体は60年代にすでに提案されていたものですが、86年のヒントンらの提案によって、ニューラルネットの学習として有効であると認識されるようになりました。

　もうひとつヒントンの業績として知られるのは、2006年にオートエンコーダ（autoencoder：自己符号化器）という、ニューラルネットの次元圧縮[注17]のアルゴリズムの考案です。ニューラルネットに学習データを使って学習させる前の事前学習にオートエンコーダを使えば、途中で止まることなく学習を進行させられるようになったのです。ただし、オートエンコーダは事前学習の目的では現在ほとんど使われることがないのが実情です。その代わりに、近年ではオートエンコーダに確率的な要素を取り入れたVAE（variational autoencoder）という仕組みを使って、イメージを変化させるタイプのニューラルネット（これを生成的モデルという）の研究が急速に進んでいます。

注17　過学習を防止するなどの目的で、特徴ベクトルの次数を削減すること。第5章で詳しく説明する。

2.10 ディープラーニング・ブームの到来

　ニューラルネットの冬といわれる時代、ヒントンとルカンはともに研究を続けましたが、ヒントンのさらに大きな功績は、教育者として後進を育成したことかもしれません。その成果は2012年に大きく花開き、教え子の大学院生の研究が画像識別コンテストLSVRC (Large Scale Visual Recognition Challenge) で桁違いの性能で優勝しました。LSVRCは前章で紹介したImageNetの画像を識別するたいへんに難しいコンテストです。2011年までのLSVRCでは、SVMなども含む、ディープラーニング以外のいくつかの手法のコンビネーション[注18]を使ったチームが優勝していたのですが、そこに突然、ディープラーニングが圧倒的な性能で出現したのです。

　そのアプローチを開発した学生の名前はアレックス・クリジェフスキー (Alex Krizhevsky) [注19] で、14層の構造からなる彼の複雑なCNNはAlexNetと呼ばれるようになりました。AlexNetでは活性化関数としてReLU関数が採用され、ドロップアウトという過学習抑制のアイデアも導入されました。詳しくは次章で説明しますが、これらは現在CNNで使われている主要な手法です。そして、その後すぐにヒントンとクリジェフスキーはスカウトされ、Googleの研究員になりました。ちなみに、ヒントン自身は当初、クリジェフスキーのアイデアに否定的であったとされます。

　2012年のLSVRCこそは、ディープラーニングの威力を世界中に認識させ、その後ニューラルネットの研究に多くの人々が参入するきっかけになった革命的な出来事でした。それまでディープラーニングはほとんど忘れられかけていたのです。AlexNet優勝後のLSVRCでは、いくつかの有名なCNNが登場して分類性能をさらに大幅に向上させました。例えば2013年優勝のVGGという19層の構造を持つCNN、2015年優勝のなんと152層もの構造を持つResNetなどです。ResNetは残差ネットワーク (residual network) といい、途中の層をスキップしながら学習するという画期的なアプローチを導入しました。ResNetの優勝でエラー率は限界に近い低さに近づいたため、LSVRCは2017年を最後に終了しその役割を終えまし

注18　最終的な識別が容易になるよう、元データにさまざまな加工を施し、特徴をより抽出しやすくする処理を施すアプローチがこの時代の主要なものだった。こうした作業を特徴量エンジニアリング (feature engineering) と呼ぶ。画像認識に関する特徴量エンジニアリングはディープラーニングの技術向上により今ではレガシー技術となった。

注19　アレックス・クリジェフスキーはウクライナ生まれで、当時博士課程の学生としてカナダのトロント大学でヒントンの指導の下にあった。

た(**図2-6**)。2016年以降の優勝は、新アプローチではなく、それまでのアプローチの改良であったようです。

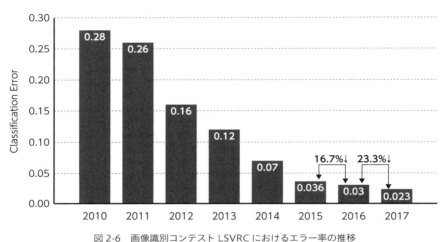

図2-6　画像識別コンテストLSVRCにおけるエラー率の推移

表2-5はおもなニューラルネットの進化に関する年表です。ネットワークの構造の進歩だけでなく、活性化関数としてのReLU関数やドロップアウトなどの導入が、近年のディープラーニングの性能に結び付いているのがわかります。こうした手法の導入で、ディープラーニングの基本的な学習方法は成熟してきました。

表2-5 おもなニューラルネットの進化の年表

年	出来事	補足
1943	マカロックとピットが脳をモデルとした形式ニューロンを提案	脳神経の「全か無か（all-or-none）」の性質を使った形式ニューロンを考案
1958	フランク・ローゼンブラットがパーセプトロンの概念を発表	形式ニューロンにヘッブ則を取り入れ、パーセプトロンに
1980	福島邦彦がネオコグニトロンを考案	中間層に二つの別の機能を持たせ、現在のCNNと同じ構造のネットワークを構築
1986	ヒントンらが誤差逆伝播法による学習を提唱[20]	ニューラルネットの勾配降下の画期的な学習方法として、誤差逆伝播法の使用を提唱
1994	ルカンらが、LeNet-5というCNNの構造を使ってSVMに近い性能を発揮	福島の考案したCNNの構造をLeNETに発展させ、そこに誤差逆伝播法を取り入れて優秀な分類器を作成
2006	ヒントンがオートエンコーダ（自己符号化器）を提案	ニューラルネットの事前学習の画期的な手法として注目される
2010	画像認識のコンテストLSVRCがスタート	当初はディープラーニング以外が優勝
2011	Glorotらが隠れ層の活性化関数[21]にReLU関数の使用を提唱	ReLUは現在最もよく使われる活性化関数
2012	AlexNetが画像認識コンペILSVRCでダントツの成績で優勝する	AlexNetはヒントンが指導する博士課程の学生が考案した14層のレイヤーを持つCNN ReLU関数とドロップアウトが採用された
2015	ResNetがILSVRCでさらに大幅にエラー率を縮小	ResNetは152層のCNNで、残差ネットワーク（residual network）というアプローチを導入し、大幅な深層化を実現

　詳しくは後章で説明しますが、ディープラーニングを実践するための環境は急速な勢いで進歩しています。その結果、これまでよりはるかに手軽に、いろいろな分野への応用やちょっとした改良が行いやすくなっています。したがって、今後機械学習の話題の中心は、次に説明する強化学習などの分野における、ディープラーニングの応用に移っていくのではないかと思われます。

注20　逆伝播法自体は遅くとも60年代には複数の学者によって提唱されていた。
注21　活性化関数については次章で説明する。

2.11 DeepMindと強化学習

デイビッド・シルバー

　ディープラーニングの進歩とともに近年のAIや機械学習の進歩にもう一つ欠かせない話題があります。2016年にアルファ碁によって囲碁のトップ棋士を打ち破ったGoogle子会社のDeepMindの話題です。DeepMindの特徴は、「強化学習」という、教師あり、教師なしという分類とは別の機械学習のアプローチを深く追求し、そこにディープラーニングの学習を取り入れるという独自の路線をとったことです。そして、このアプローチを発展させ、世界を驚かせる能力を立て続けに発表しています。

　DeepMindの創業者はキプロス出身の父とアジア系イギリス人の母を持つ1976年生まれのイギリス人、デミズ・ハサビス（Demis Hassabis, 1976 - ）です。彼は、かつてある雑誌[注22]のインタビューに答えて次のように語っています。「現在の人工知能のほとんどは、プログラムされたとおりに動くコンピュータにすぎません。僕たちが目指しているのは、自分自身で学ぶ能力をプログラムに組み込むことです。それは生物が学習するプロセスであり、今あるAIよりはるかに強力なものです。」つまり、究極の機械学習、究極のAIを目指すという意味でしょう。

　DeepMindで「自分自身で学ぶ能力をプログラムする」研究をリードするのが、ハサビスとケンブリッジ大学の学生時代から友人であるデイビッド・シルバー（David Silver, 1976 - ）です。そして彼らが「自分自身で学ぶ能力」があると考えるアプローチが強化学習なのです。本書でこれまで説明してきた機械学習は教師データの分類方法をできるだけ再現することを目指して学習するような機械でしたが、強化学習の機械は、例えばゲームのルールさえ与えられれば、教師が全くいな

注22　「Wierd」誌。

くても自分自身で次第に強くなるような学習ができます。

図2-7は、シルバーが2015年にアムステルダムで行った講演[注23]で使った資料です。脳の形をしたエージェント[注24]がアクションを起こしてゲームをプレイすると、そのときのゲームの状態（state）とゲームの得点がrewardとして返されます。強化学習は返された情報をもとに、どうすればより高い得点が得られるかを学習していくのです。シルバーたちは、強化学習にディープラーニングを取り入れて、「深層強化学習（deep reinforcement learning）」という分野を開拓しました。ディープラーニングの導入によって状態の評価や次の行動の選択の精度を飛躍的に高めたのです。DeepMindの機械は自分自身でゲームの攻略法の学習を重ねて、多くのゲームで人間のトップゲーマーを凌駕するスコアを叩き出すことができるようになりました。囲碁のトップ棋士を破ったアルファ碁もそうした技術の延長線上として誕生したのです。

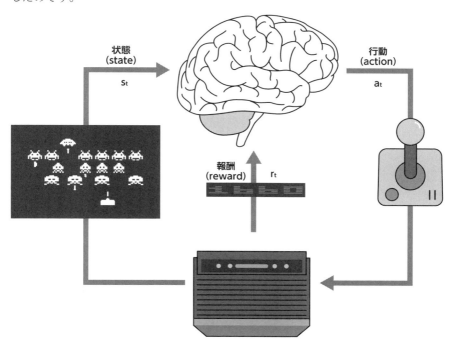

図2-7　ゲームを攻略する強化学習の構造

注23　YouTubeで見られる。https://www.youtube.com/watch?v=qLaDWKd61lg
注24　ユーザの代わりに動くソフトウェアの呼称。

第2章　機械学習小史：機械学習ブームの基盤を作った主人公たち

　このように強化学習は単に分類などをするほかの機械学習と異なり、ゲームの攻略など具体的な目的を直接的に達成することが可能な機械です。シルバーはこのような強化学習こそが真のAIであると信じているようで、同じ講演のなかで次のように説明しています。

AI＝強化学習（RL）

　つまり、強化学習こそは機械が自律的に「知性（intelligence）」を実現するための一般的なフレームワークであり、AIという名に相応しいアプローチであるといっているのです。

　2017年12月、DeepMindはアルファ碁を進化させたアルファゼロに関する論文を発表しました。アルファゼロはアルファ碁の技術を一般化したもので、囲碁だけでなく将棋やチェスなど多数のゲームに対して、機械がゼロから攻略方法を学習して、やがてそれぞれの領域の最強のソフトに進化できます。アルファゼロについては第8章で詳しく説明します。

54

ぜひ使ってみたい
役に立つアルゴリズム

第3章　ぜひ使ってみたい役に立つアルゴリズム

3.1　機械学習の性能の推移

　機械学習の利用にどのアプローチを使えばよいのか、もしその性能を数値として
比較できれば便利です。前章で説明した、ディープラーニングの立て役者の一人で
ありMNISTデータの作成者でもあるルカンは興味深い分析結果をWebサイトで
公開しています。それはMNISTの手書き数字のデータについて、機械学習のさま
ざまなアプローチ（分類器）のエラー率をルカン自身の実験結果を中心に比較したも
のです。

　これらはアルゴリズムを選択するための貴重な情報になると思うので、内容をダ
イジェストして記載します。ただし、各アルゴリズムについては、分類対象につい
てそれぞれ得手不得手があるうえ、パラメータの設定など使い方によっても大きな
差が出る可能性があり、この結果だけで判断するのは危険であることは十分にご留
意ください。

表3-1　MNISTデータの分類性能（ディープラーニング以外）

分類器	年	研究者	テスト・エラー率
線形分類器（1層のニューラルネット）	1998	LeCun その他	8.4%
pairwise 線形分類器	1998	LeCun その他	7.6%
1000RBF ＋線形分類器	1998	LeCun その他	3.6%
k 近傍法、L3	1998	LeCun その他	2.4%
ガウシアンカーネルの SVM	1998	LeCun その他	1.4%
9 次多項式の Virtual SVM	2002	LeCun その他	0.56%
非線形な変形をした k 近傍法	2007	Keysers その他	0.52%
ブースティッドツリー（Stumps）	2009	DeCoste その他	0.87%

　こうしてみると、20世紀終盤の時点で、SVMは線形分類器に比べてかなり良い
性能を出していたことがわかります。また、k近傍法はなかなか優秀であることも
わかります。**表3-2**はディープラーニング関連のものです。

56

表3-2　MNISTデータの分類性能 (ディープラーニング)

分類器	年	研究者	テスト・エラー率
2 層ニューラル、300 の隠れ層[注1]	1998	LeCun その他	1.6%
3 層ニューラル、500 + 150 の隠れ層	1998	LeCun その他	2.45%
CNN LeNet-5	1998	LeCun その他	0.8%
2 層ニューラル、800 の隠れ層、クロスエントロピー[注2]	2003	Simard その他	0.7%
CNN、交差エントロピー	2003	Simard その他	0.4%
35 の CNN の committee	2012	Ciresan その他	0.23%

　この表から、ルカンのLeNetが登場するまでは、多層のニューラルネットはあまり芳しい性能を発揮できなかったことがわかります。また、損失関数に交差エントロピー[注3]が適用されるようになって、性能がさらに向上したことも読み取れます。

3.2　二値分類問題の基本形のロジスティック回帰

　次に重要なアプローチの説明に移りますが、まずは、線形学習の基本形の一つであるロジスティック回帰から説明します。ロジスティック回帰はMNISTデータの分類のような画像認識問題はあまり得意ではありませんが、二値分類問題などでは非常によく使われるアプローチの一つです。比較的使い勝手が良く、因果関係もわかりやすい割になかなか良い性能を示すことが多いからです。

　その前に、これまでも何度か出てきた回帰 (regression) という言葉について説明しましょう。回帰というのは、説明 (または独立) 変数 X と被説明 (または従属) 変数 Y について、ある与えられた関数 f と未知のパラメータ・ベクトル β があった場合に、β を調整して、$f(X, \beta)$ をできるだけ Y に近い値にすることです。この調整する作業をフィットや学習などと呼びます。$f(X, \beta)$ がどれだけ Y に近いかを判断するのが損失関数 (loss function)、または誤差関数 (error function) と呼ばれる関数で計算される値で、フィットとは損失関数の値をできるだけ小さくすることにほかなりません。

　関数 f にどんな関数を使うかによって、回帰モデルの名前が変わります。関

注1　隠れ層とは、ニューラルネットの入力層と出力層の間にある層のこと。2 層ニューラルでは隠れ層は一つで、この場合は 300 のノードを持つ層があるという意味。

注2　ニューラルネットの損失関数 (エラーの大きさを計る尺度) に交差エントロピーという指標を使ったもの。交差エントロピーについては後節で説明する。

注3　情報理論に現れる情報量の尺度の一つ。同じ確率空間における二つの分布 p と q について、次式で与えられる H のこと。
$$H(p, q) = -\sum_x p(x) \cdot \ln(q(x))$$

数 f にロジスティック関数と呼ばれる関数を使えばロジスティック回帰、多項式を使えば多項式回帰、ポアソン分布[注4]の分布関数を使えばポアソン回帰になります。損失(誤差)関数に何を適用するか、選択肢はいろいろあり得るのですが、最もよく使われるのが平均二乗誤差[注5] (MSE:mean square error) です。そして、その損失関数に正則化項という調整項を加えることもあります。正則化項については次節で説明します。

本書では、上記のような回帰を用いる学習を回帰学習と呼ぶことにします。第1章では、機械学習による予測と回帰を同一視して議論しましたが、上記の回帰は説明変数を使って被説明変数の値を予測するともいえるわけなので、回帰学習における回帰と予測は同じものを指します。

話をロジスティック回帰に戻しましょう。0から1の値をとる実数 p に対して定義される次のような簡単な関数をロジット関数といいます。p は確率を示す値と考えていただいて結構です。

$$\mathrm{logit}(p) = \ln\left(\frac{p}{1-p}\right)$$

ロジット関数の逆関数 (x軸とy軸を入れ替えたもの) がロジスティック関数で、次のようなグラフになります (**図3-1**)。

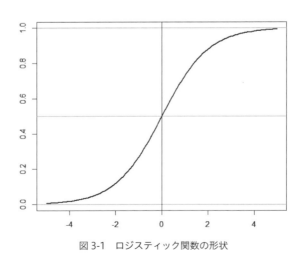

図 3-1 ロジスティック関数の形状

注4 ポアソン分布は統計分析で非常によく使われる確率分布で、待ち行列のモデル化などに利用される。
注5 統計や機械学習で頻繁に使用される誤差の集計方法で、理論値(予測値)と実際の値の差(これを残差という)の二乗の値の(全サンプルの)平均値を使う方法。つまり実際の値を Y_i、理論値を $f(X_i)$ とすると $\mathrm{MSE} = \frac{1}{n}\sum_i^n (Y_i - f(X_i))^2$ となる。

ロジスティック関数は0から1の間の値をとり、x軸の絶対値が大きくなれば0か1の値に近づくのが特徴です。このように0と1の値が厚くなるような分布なので、二値分類問題、例えば、男か女か、あるいは生存か死亡かなどの二つの選択肢に0と1という値を与えた場合に、分布の形状をうまく重ね合わせることが可能なのです。ロジスティック回帰による分類問題では、フィット後の$f(X, \beta)$の値が0と1のどちらに近いか(つまり0.5より大きいか否か)によって2値のどちらに分類するかを決定します。

学習データをどうやってロジスティック関数にフィットさせるのか、もう少し具体的に説明しましょう。Yは0か1の値をとる確率変数、pは$Y = 1$となる確率だとします。つまり$E(Y) = p$です。ロジスティック回帰のモデルは$\mathrm{logit}(p)$を特徴ベクトルと重み係数の線形結合として表すモデルです。つまり特徴ベクトルを$X_i = (x_{i,1}, x_{i,2} \cdots, x_{i,k})$とし、重み係数のベクトルを$\beta = (\beta_0, \beta_1, \cdots, \beta_k)$とした場合に$\mathrm{logit}(p)$を次のようにモデル化します。

$$\mathrm{logit}(p) = \ln\left(\frac{p}{1-p}\right) = \beta_0 + \beta_1 x_{i,1} + \beta_2 x_{i,2} + \cdots + \beta_k x_{i,k}$$

この式をpについて整理すれば、

$$p = \frac{1}{1 + \exp\left(-\left(\beta_0 + \beta_1 x_{i,1} + \beta_2 x_{i,2} + \cdots + \beta_k x_{i,k}\right)\right)}$$

そして、この式をpに関するモデルとみなして損失関数を設定し、その値を最小化するような重み係数のベクトルβをみつける学習をします。ロジスティック関数では通常は尤度関数[注6]の符号を変えたものが損失関数として使われます。

3.3　正則化による回帰学習の過学習リスク抑制

前節で回帰学習の損失関数に正則化 (regularization) 項を付加することがあると説明しました。正則化項は過学習の抑制を目的に付けられるものです。PythonやRなどで標準的に使われるロジスティック回帰の関数には付加されていて、ロジスティック回帰に限らずほかの回帰学習一般に加えられることがあります。

注6　尤度関数は統計学でよく使われる関数で、観測されたデータに対して前提条件の「尤もらしさ」(尤度)を数値化する関数であり、これを最大にする前提条件が最も尤もらしい(最尤)推定値であるとみなされる。最尤推定法は第2章で説明したフィッシャーによって考案された。

第3章　ぜひ使ってみたい役に立つアルゴリズム

　正則化とは、モデルの複雑さについて罰則を導入する手法で、もともとは20世紀の半ばにロシアの数学者チホノフ（Andrey Tikhonov，1906 – 1993）が、逆問題[注7]の解析方法として考案した手法です。歴史的経緯の説明は省略しますが、その後さまざまな発展を遂げて、現在では機械学習の過学習の防止や次元削減[注8]などの目的で広く使われるようになりました。

　MSEなどで計算されるもともとの損失関数に、例えば次のような正則化項が加えられることによって正則化されます。

$$（新しい）損失関数＝もともとの損失関数＋\lambda \sum_j^k |B_j|^p$$
（ただし β_i はさきほどと同様に学習データの i 番目の特徴量に対する重み係数）

　正則化の追加項がどんな効果をもたらすのかを説明しましょう。正則化項の λ は正則化の効果の大きさを規定するパラメータで、λ が大きいほど正則化項の影響が大きくなり、重み係数 β の選択の自由度が奪われることになります。逆に λ の値が小さいと、係数選択の自由度が増えて、できるだけ学習データにフィットする係数を選ぶことになります。そうすると、過学習などのおそれが大きくなります。また、p は正の実数ですが、これが大きくなれば、β の違いがより指数的に反映されることになります。

　この形式の正則化項は、チホノフが考案した式と少し形が異なります[注9]が、現在はこの形が一般的です。とくに p の値が1の場合はラッソ（Lasso）、2の場合はリッジ（Ridge）と呼ばれ、よく利用されます。ラッソとリッジはそれぞれL1（ノルム[注10]）正則化、L2（ノルム）正則化とも呼ばれます。また、例えばロジスティック回帰にラッソ型の正則化項が付加された回帰を、ロジスティック・ラッソ回帰などと呼ぶこともあります。

　ラッソ（L1）とリッジ（L2）の正則化項は、例えば特徴ベクトルが2次元の場合はそれぞれ次の式になります。

注7　逆問題とは数学や物理などにおいて、通常とは逆方向に、出力から入力を求める問題。
注8　特徴ベクトルの次元を削減すること。第6章で詳しく説明するが過学習を防ぐ手法の一つである。
注9　チホノフ自身が考案した正則化項はリッジを一般化した形で、正則化の係数が共通の係数 λ でなく特徴量ごとに別々に与えられる形式であった。
注10　ノルムとは数学用語で、いろいろなものの「大きさ」を表す量という意味がある。ラッソとリッジの調整項が数学ではそれぞれL1ノルム、L2ノルムと呼ばれる形式であるため、このようにも呼ばれる。

$\lambda(|\beta_1| + |\beta_2|)$
$\lambda(\beta_1{}^2 + \beta_2{}^2)$

これをグラフ化すると、それぞれ (45度回転させた) 正方形と丸になりますが、MSEと調整項を合わせた損失関数のイメージは**図3-2**のよう[注11]になります。

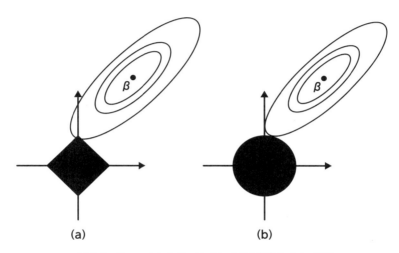

図3-2 ラッソ (a) とリッジ (b) の損失関数のイメージ図

黒く塗りつぶしたところが調整項で、楕円形の部分と黒い部分の接点が、損失関数が最小値になるような重み係数の組合せの座標 (ベクトル) になります。一般的に、学習データのもともとの損失関数を小さくするには、βの要素の値の絶対値をある程度大きくして、特徴ベクトルの違いをより大きく反映させる必要がありますが、そうすると正則化項が増えてしまいます。図の黒い部分と楕円形の部分の接点が、正則化項を加味した、損失関数が最小になるようなβの位置を意味します。

図の (a) のラッソ (L1) では、接点はどちらかの軸上ですが、(b) のリッジ (L2) はそうではありません。これが二つの正則化のアプローチの性質の違いに大きく反映されます。実は正則化項は、pを1、2以外の値にするなどほかにもいろいろあるのですが、**表3-3**では正則化の代表であるL1とL2の性質について簡単に説明します。

注11 これは1996年にラッソ回帰を考案したRobert Tibshirani (1956 -) の論文のなかで使われた図。

第3章　ぜひ使ってみたい役に立つアルゴリズム

表3-3　ラッソとリッジの正則化

正則化の種類	正則化項	特性
ラッソ（Lasso）L1 正則化	$\lambda \sum_j^k \lvert B_j \rvert$	重要性の低い変数の重みが0になることから[注12]、次元削減の効果があり、その効果を通じて過学習を防ぐ。ただし、絶対値の計算を伴うので、解が一意にならない場合もある
リッジ（Ridge）L2 正則化	$\lambda \sum_j^k B_j^2$	どの特徴量の重み係数を増やしても、正則化項が全方向に増えて直接的に変数設定の自由度を奪う。リッジは過学習を防ぐ効果がある。計算もシンプルで解は一意というメリットもある

　回帰学習の正則化は、この後説明するSVMの過学習のリスクを制御するソフトマージンのコストと非常に類似した機能であり、正則化項が付加された回帰学習はSVMと同じように、学習の深さをコントロールできるのです。そして、繰り返しになりますが、正則化は単回帰、ロジスティック回帰、ポアソン回帰などさまざまな回帰学習に付加できます。

3.4　怠惰学習とからかわれるが意外に強力なk近傍法（k-nn）

　次に、第1章で「怠惰学習」と呼ばれていると説明したk近傍法（k-nn：k-nearest neighbor）について、そして怠惰学習といわれる理由について説明します。

　k近傍法は、分類しようとしているデータから最も近いk個の学習データを探し出し、多数決でどの種類に属するかを判定します。例えば図3-3はIRISのデータの一部ですが、小さい円で囲った△印の点（品種はvirginica）について、$k=5$のk近傍法で分類しています。点線の円のなかに、自分自身以外に五つのデータがありますが、△が一つで○が四つです。したがって、この点を多数決で判定すると○となり、実際のデータとは一致しないことになります。k近傍法での分類はこのように行います。分類する際に決めなければいけないのはkをいくつにするかということぐらいです[注13]。どうです、すごく簡単ですよね。k近傍法のアルゴリズムは機械学習のなかでも飛び抜けて簡単ともいえます。

　もう一つ重要なことを説明します。k近傍法は後で説明する、ガウシアン・カーネル（RBFカーネル）のサポートベクターマシン（SVM）と類似性があり、その簡略版ともいえる性格があります。それは円（超球面）形の近傍の学習データの配置に

注12　図3-2の（a）でわかるように、損失関数を最小にするβはどこかの軸上にあるので、β_jのどれかは0となる。係数が0になれば、その特徴量は削減されたのと同じ効果がある。

注13　細かい調整をするなら、その他に距離の定義や重みを変更できるが、これについては第5章で説明する。

62

よって分類結果が決まるという点です。実はRBFカーネルのSVMの分類境界は、円をたくさんつなぎ合わせたような形になるのですが、そこがk近傍法と似ているのです。本章の最初の節で、k近傍法はMNISTデータの分類問題でなかなか性能が良かったことを説明しましたが、SVMとのアプローチの類似性を考慮すると、性能の良さも少し納得できるかもしれませんね。

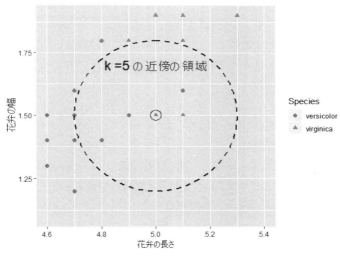

図3-3　k近傍法の分類の例

　k近傍法が「怠惰学習」と呼ばれるのは、実はその簡単さからではなく、学習自体をする必要がない、機械学習としては特異なアルゴリズムだからです。第1章で説明したように、一般に機械学習は学習データからまず学習させたモデルを作ります。そして、分類や予測の実施はそのモデルを使って行うわけです。しかしながら、k近傍法では、学習させるというステップは必要ありません。なぜならば、上記の分類のように、分類の実行時には、学習データを記憶さえしていれば、それを使っていきなり分類を行えるからです。これは「手抜き」の学習ともいえるわけで、「怠惰学習」といわれる所以なのです。

　ただし、学習をしていない分、実際に分類を実行する際の計算負荷がほかの機械学習のアプローチよりも大きくなり、大量のデータを分類するには時間がかかる場合があるのが欠点です。

3.5 作ってみると面白い階層的（hierarchical）クラスタリング

　次に、理論的にも計算技術的にも比較的簡単でありながら、なかなか良い性能を示すクラスタリング（clustering）のアプローチをご紹介します。クラスタリングとはデータの集合を部分集合（クラスタ）に切り分けることです。クラスタリングの特徴の一つは、教師あり学習だけでなく、教師なしのアプローチも充実していることです。前にも触れましたが、ディープラーニングをはじめ現在世のなかの話題になっている機械学習の中心は「教師あり」のタイプであり、「教師なし」タイプは今のところ比較的マイナーです。しかし教師なし学習には、いろいろなメリットがあります。なによりも大きいのは「教師データ」を作ったり、正解かどうかを判定する手間が省けるということです。

　例えば、教師なしのクラスタリングでは、データを与えたら、その特徴ベクトルの情報だけから機械が分類をしてくれるわけです。この場合、教師データやテストデータといった概念はなく、結果にも正しいか間違っているかという違いは存在しません。ただ、あるアルゴリズムにしたがって機械が分類するだけです。

　教師なしの分類方法の一つに、階層的（hierarchical）クラスタリングというアプローチがあります。これはデータ同士の距離を、近いものから順にグループ化して、クラスタの階層構造を作るというものです。具体例をみてみましょう。**図3-4**と**図3-5**は、東日本の24都道県の県庁所在地間の距離のマトリックスを使って[注14]階層的クラスタリングを行った結果です。

　いかがでしょうか。おおむね、東日本の地理的関係が表現されているのではないでしょうか。ただしクラスタの作り方は二つの方法で少し違いがあります。図3-4は、最短距離法（単連結法）という手法を使っていて、クラスタ内のサンプルからの最短距離が小さい順にクラスタを作っていきます。その結果、いちばん外れた北海道だけ分離されています。図3-5はウォード法という手法によるもので、こちらのやり方では北海道だけ別にされず、地域ごとにうまくまとめられています。ウォード法（Ward's method）は、各レベルのクラスタの要素の数が比較的均等になりやすい分類方法なのです。

注14　Rのhclust関数を、method="centroid"として算出しました。これは、「重心法」による分類です。

3.5 作ってみると面白い階層的(hierarchical)クラスタリング

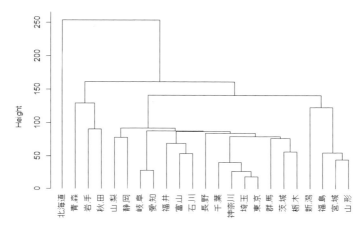

図 3-4　県庁所在地間の距離の階層的クラスタリング（最短距離法）の結果

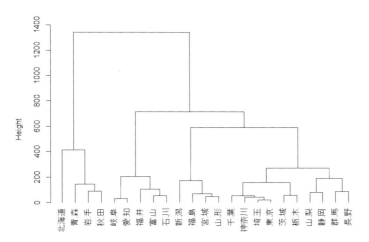

図 3-5　県庁所在地間の距離の階層的クラスタリング（ウォード法）の結果

表3-4は、階層的クラスタリングのおもなアプローチの概要と、Rにおけるhclust関数の名称をまとめたものです。さきほどの図もRで作っています。階層的クラスタリングは、基本的には四則演算を順番に繰り返しているだけなので、大量のデータでもさほど時間をかけずに計算できます。

第3章　ぜひ使ってみたい役に立つアルゴリズム

表3-4　階層クラスタリングのおもなアプローチ

距離の種類	hclust 関数の名称	クラスタ分けの方法
単連結法	single	クラスタ間の要素の最短距離が近いもの順、最短距離法ともいわれる
完全連結法	complete	クラスタ間の要素の最長距離が近いもの順、最遠距離法ともいわれる。hclust 関数のデフォルト値
重心法	centroid	クラスタ内の重心同士の距離が近いもの順
ウォード法	ward.D2	クラスタ内の距離の偏差平方和（標本の各データの値と標本平均の差の 2 乗の合計）の増加が最小になるように（順番に）クラスタを作っていく

3.6　非階層的なクラスタリング手法のk平均法

　教師なしのクラスタリング法にはほかに、k平均法 (k-mean) という有力なアプローチがあります。k平均法は、階層の適当なレベルで切ればクラスタの個数が自由に決められる階層的クラスタリングと違い、あらかじめクラスタ分けする数kを定めてクラスタ分けします。したがって非階層的クラスタリングともいわれます。k平均法を使えば、例えばIRISデータの三つの種類がわからなくても、3種類のクラスタに分類できるのです。

　クラスタ分けは、次式のようにクラスタ内の各要素とそのクラスタの平均値μ_iの2乗ノルムの和が最小になるように行います。

$$\underset{S}{\arg\min} \sum_{i=1}^{k} \sum_{x \in S_i} \|x - \mu_i\|^2$$

　実際の計算では、まず初期値としてランダムにクラスタ分けをして、その後上記の式を最小化するようなクラスタ分けを計算して探します。k平均法で注意する必要があるのは初期値によって結果が変わる可能性があること、つまり計算するたびに結果が変わる可能性があることです。

　少し話題が変わりますが、k平均法は、実際の目的やアプローチは大きく違うにもかかわらず、さきほど説明したk近傍法と名前が似ているためよく混同されます。そこで、二つの手法の違いを表3-5に簡単にまとめてみました。

66

表3-5　k近傍法とk平均法の違い

	教師の有無	カテゴリー	k の意味
k 近傍法	教師あり	分類器	k 個の近傍から分類、分類のカテゴリーは教師データのラベルの種類だけある
k 平均法	教師なし	クラスタリング器	k 個のクラスタに分類するアプローチ

3.7　21世紀序盤の流行アプローチのSVM

　前章でSVMはロシアのヴァプニクが考案したこと、そして20世紀終盤にガウシアン・カーネル（RBF）などが非線形のカーネルを用いるようになってから、線形分離不可能な問題にも対応可能になり性能を大きく向上させたことを説明しました。90年代から2012年以降にディープラーニングが脚光を浴びるようになるまでの間は、サポートベクターマシン（SVM）は一部のツリー構造のアプローチと並んで機械学習の花形的存在でした。

　実際、SVMは非常に優秀なアプローチで、機械学習のさまざまな分野で威力を発揮しています。例えば第1章で示したIRISのような比較的次数の低いタイプのデータの分類はもとより、はるかに次数が高く複雑な画像認識（領域全体、局所領域の両方）でも威力を発揮しました。これは非線形的なカーネル関数やソフトマージンという手法を利用するようになったからです。

　さて、ここではSVMのメカニズムについてもう少し説明したいと思うのですが、SVMには簡単に理解するのが難しいさまざまな概念が関連しており、詳しく説明すると一冊の本が書けるくらいの量になってしまいます。そこで、SVMのメカニズムを最も重要な「分類境界の方法」「カーネルトリックに関連する部分」の二つの部分に分けてそれぞれのメカニズムに関連する重要な概念を簡単な表で説明することにします。

第3章　ぜひ使ってみたい役に立つアルゴリズム

表3-6　サポートベクターマシン (SVM) の分類境界に関する重要な概念

概念	説明
超平面 (hyperplane) 超曲面 (hypersurface)	平面 (2次元) に対する直線 (1次元)、立体 (3次元) に対する平面 (2次元) のように、元の空間より一つ次元が少ない空間のこと。SVM は超平面 (または超曲面[注15]) が分類境界となる
マージン (margin)	仮に学習データが分離可能だった場合に、分離面 (超平面、超曲面) といちばん近いデータの距離をマージンという。SVM はこのマージンが最大化するような分離面を選ぶ
最大 (ハード) マージン (max margin)	完全に分離できることを前提とする場合のマージンの最大値。SVM の仕組みを理解するうえでは重要だが、現実ではこの方法は使えないことが多い
ソフトマージン (soft margin)	分離面で完全に分離できない場合に、マージンが負になることを許容する方法。ソフトマージンの程度はスラック変数[注16] (slack variables) という指標を導入して数値化し、その程度によってペナルティを課す。ペナルティの大きさは、C というパラメータで調整し、C を小さくすると教師データによりよくフィットする一方で過学習のリスクが増加する
サポートベクトル (support vector)	別の種類のサンプルからいちばん距離が近いサンプルデータの集合。非線形の場合のサポートベクトルはしばしば非常に多数になる。一般にサポートベクトルの数が多いと、分離境界が複雑な形状になる
汎化 (generalization)	学習時の訓練データに対してだけでなく、未知の新たなデータに対しても正しく予測できることを汎化 (性) と呼ぶ。過学習に対する抵抗力と解される。現在の SVM では、ソフトマージンとペナルティによって、回帰学習の正則化に相当する調整項が付けられて汎化性を持たせている

　SVMの境界の引き方で大事なのは、分類境界が超平面 (非線形カーネルを使った場合は超曲面) になること、境界面はマージンを最大化する (最大マージン) ように作られること、しかし実際には最大マージンが存在しない (負の値になってしまう) ことが多いので、ソフトマージンを導入して、実質的に負のマージンを許容していることです。サポートベクトルというのは、境界面がどこにあるのかを示すサンプルで、学習データのなかから境界にいちばん近いサンプルが選ばれます。

　汎化というのは過学習を避ける能力で、SVMの考案者であるヴァプニクは機械学習のモデルの複雑さをVC次元として定式化したことを前章で説明しました。現在のSVMでは、90年代半ばに導入されたソフトマージンと、それに対するペナルティによって汎化能力を持たせています。

　ソフトマージンをどのように設定するかは学習不足や過学習と関連していて、ソ

注15　n次超曲面とは、n次元空間における曲面 (曲線の一般化) のこと。RBF のような曲線型のカーネルを使った場合は、境界面は超平面ではなく超曲面の組合せになる。
注16　スラック変数はデータのマージンの小ささや負のマージンの程度の尺度。

フトマージンを大きくすると教師データによりよくフィットする一方で境界は複雑になり過学習のリスクが増加します。ソフトマージンを小さくすると境界がぼんやりして学習データの分類力は落ちますが、過学習のリスクは減少します。ソフトマージンの大きさは、それに対するペナルティの大きさを示すパラメータCによって調整し、Cが大きい場合はソフトマージンが小さくなります。

境界の作り方についてはこれくらいにして、次に、カーネル関数とカーネルトリックがどのように非線形の境界を実現させているのかを説明します。

表3-7 SVMのカーネルトリックに関連する重要な概念

概念	説明
内積空間	内積の定義されているベクトル空間[注17]のこと。カーネル関数によって内積を計算する新しい特徴空間は内積空間である必要がある
カーネル関数（kernel functions）	もともとの特徴空間のベクトルから写像の特徴空間における内積（ベクトルの距離に相当する概念）を直接計算できる関数
カーネルトリック	ある写像で変換した特徴空間で内積計算をしたいとき、変換された空間について具体的に知らなくても、カーネル関数で内積の計算ができること

カーネル法を用いたSVMでは、**図3-6**のように、もともとの特徴空間をある写像（関数）φによってより新しい別の（内積空間[注18]という性質を持つ）特徴空間[注19]へ変換し、その空間における特徴ベクトル同士の内積を計算することによって、分類や予測を行います。

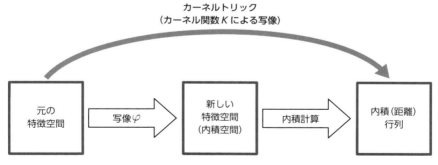

図3-6 カーネル関数の働き（カーネルトリック）の概念図

注17 ベクトルに関する演算（和、スカラー倍）が定義されている空間。A.1節を参照のこと。
注18 内積が定義されているベクトル空間のこと。A.2節を参照のこと。
注19 この空間を決めてから、それに合致するカーネル関数を導くこともあるし、逆にカーネル関数からこの空間が導かれることもある。

第3章　ぜひ使ってみたい役に立つアルゴリズム

　カーネル法のすごいところは、この新しい特徴空間がどういう空間なのか、あるいは関数φがどのような関数なのかを明確にしなくても、カーネル関数で計算された内積によって分類や回帰ができることです。つまり、多くの場合φは単に組み込まれた陰伏的（implicit）な関数であり、あまり意識されることはないのです[注20]。実際、例えばRBFは内積の計算方法をベースに作られたカーネル関数であり、φがどのような関数であるか議論されることはほとんどありません。

　このように、新しい別の特徴空間のことがわからなくても、簡単に内積を計算して距離に相当する量を測定できることをカーネルトリックといいます。SVMはカーネルトリックを使うことによって、線形分離不可能な複雑な分類問題について、計算量を爆発的に増加させることなく計算できるのです。

3.8　ランダムフォレストと勾配ブースティング

　前章では、ブレイマンがツリー構造の機械学習の発展に大きな役割を果たしたことを説明しました。ブレイマンは現在の決定木のスタンダードな方式であるCART、さらに多数の決定木をアンサンブルさせたバギングや、バギングをさらにランダムフォレストに発展させ、勾配ブースティングまで考案したのです。ツリー構造にどんな種類のアプローチがあるのかを**表3-8**に簡単に整理してみました。

　詳しくは第6章で説明しますが、ツリー構造のアプローチは、分類性能としてはディープラーニングなどの水準には到達できないことが多い反面、ほかの機械学習にはない望ましい特徴を有しています。望ましい特徴というのは、「学習データの前処理がいらないこと」「異常値や欠損データの存在に頑強であること」「過学習を起こしにくいこと」などです。こうした特性のため、ツリー構造は実務的にたいへん扱いやすいアプローチです。

　ツリー構造のアプローチとして現在とくにポピュラーで、筆者のお気に入りでもあるランダムフォレストと勾配ブースティング（gradient boosting）についてもう少し説明しましょう。ランダムフォレストはCARTタイプの決定木をたくさん集めてアンサンブルさせる手法の一つです。**図3-7**のように、一つひとつの決定木は、学習データのなかからサブ学習データをランダムに作成、さらに特徴ベクトルのなかからランダムにサブ特徴ベクトルを抽出し、それらを使って決定木を作るというプロセスを繰り返し行います。

注20　ただし、まず先にφを明示的に設定して、そこからカーネル関数を作る場合もある。

表3-8 おもな決定木とそのアンサンブル学習

アプローチ	説明
CART (classification and regression tree)	単独の決定木のスタンダードな方式。枝分かれによって増大する不均一性（impurity）の尺度であるジニ係数など[注21]を使ってツリーを成長させるとともに、過学習しないように枝刈りも行われる。アンサンブル学習では多数のCARTが利用されることが多い
バギング（bagging）	元の学習データからランダムに部分集合（学習データ）を作る（これをブートストラップという）ことを繰り返し、それらのデータに対し決定木を作りアンサンブルさせる
ランダムフォレスト（random forest）	バギングをさらに改良して、特徴量もランダムに選択し部分集合を作り、それを用いてCARTの決定木を作る方法。さらに別の工夫を加えているタイプもある。ランダムな特徴量によって各決定木の独立性が高まり、予想能力と過学習への頑強性がともに増した
ブースティッドツリー（boosted tree）	誤判定された学習データの領域だけを抜き出して、それに適合する新しい決定木を追加してアンサンブルする手法。つまり過去の誤差を逐次補完していく方法ともいえる。学習データに対するフィットは良くなるがランダムフォレストより過学習に陥りやすい。アダブースト[注22]、勾配ブーススティングなどのアルゴリズムがあるが現在は勾配ブーススティングがよく使われる

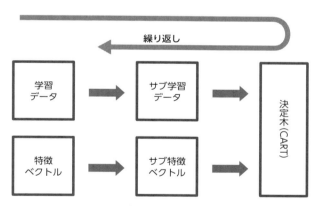

図3-7 ランダムフォレストの学習プロセス

　ランダムフォレストのメリットは過学習を起こしにくいことにあります。これはほかのアンサンブル学習と比較しても顕著で、例えばブースティッドツリーにおいて新しい木はそれまでの木の欠点を補うように計画的に作られますが、それによっ

注21 第5章で詳しく説明するが、ジニ係数の代わりにエントロピーを使う方法もある。
注22 アダブースト（AdaBoost）では、誤判定された学習データの重みを上げて次のツリーが作られる。

第3章　ぜひ使ってみたい役に立つアルゴリズム

て各ツリーの独立性が薄れ、テストデータに過度に適合してしまう可能性があります。ランダムフォレストでは、構成する各決定木を、学習データだけでなく特徴量もランダムに選ぶ方式を採用したので、各決定木間の相関を減らすことに成功しています。相関が少ない決定木をアンサンブルすることによって、少数の特徴量やサンプルの影響が過度になるリスクが低減し、過学習が起きにくくなったのです。

　学習データと特徴量がランダムに使われるメリットはまだあります。ランダムな抽出によって、データの外れ値（異常値）の影響が低減し、極端な値やデータの間違いなどに対して頑健になりました。また特徴量の一部しか使わないためサンプル数に比べて特徴量が多い[注23]場合にも比較的自然に対応できます。

　ランダムフォレストに限らず、ツリー構造一般が有するメリットもいくつかあります。一つは、特徴量の大きさを揃える正規化（特徴量のスケーリング）の必要がないことです。これについては第6章で詳しく説明します。それから、ツリー構造のアプローチでは、学習データの各特徴量の重要性を数値化して割り出せます。これはSVMやディープラーニングではできないことです。重要性というのは、分類や予想をするうえでのその変数の与える影響の大きさで、変数重要度（variable importance）あるいは特徴量重要度などといわれます。変数重要度が割り出せれば分類や予想はブラックボックス化せずに、ある程度その結果が出た原因を推測できますし、重要性の低い特徴量を削除してもう一度分類や予測をすることができるのです。機械学習において重要性の低い変数を削除すること（次元削減[注24]）は過学習防止などの目的で非常に重要なのですが、ツリー構造のアプローチはこれを労せず実践できることを意味します。以上のようなさまざまなメリットがあるため、ランダムフォレストは「心配いらず（worry-free）」のアプローチともいわれます。

　ランダムフォレストより高い分類性能を求める場合には、勾配ブースティングがよく使われます。勾配ブースティングは誤判定された学習データの領域だけを抜き出して、それに適合する新しい決定木を追加してアンサンブルするブースティッドツリー（boosted tree）の一種です。勾配ブースティングのアルゴリズムはモデルのエラーが減るような勾配を計算しながら新しい決定木を作ります。更新手続きは一次微分による勾配を利用した最急降下法[注25]（method of steepest descent）と類似

注23　特徴ベクトルの数が多く、さらに（画像データなどと違って）各要素の示す意味に違いがあるような場合にとくに有効である。
注24　次元削減は機械学習を実践するうえで重要な手法。第6章で詳しく説明する。
注25　微分可能な関数の最小値を探索する問題によく使われるアルゴリズムの一つ。関数の傾き（勾配）を一次（偏）微分で近似する最も単純な方法。二次微分まで利用するのがニュートン法で、これもよく利用される。

72

しています。勾配ブースティングは画像の識別問題などでランダムフォレストより高い分類性能を出すことで知られていますが、ランダムさが失われるので過学習しやすくなり、モデルのチューニングを慎重に行う必要が出てきます。

3.9 ディープラーニングといえばまずは畳み込みニューラルネットワーク（CNN）

次はディープラーニングです。ディープラーニングのアプローチにはさまざまなものがあり、それらを説明すると書籍数冊分くらいの分量が必要になります。そこで、本書ではそのなかで最も基本的かつ重要な畳み込みニューラルネットワーク（CNN）だけに絞ります。ルカンやヒントンらが長年改良を加え続けてきたCNNは、2012年の画像識別コンテストLSVRCで圧倒的な性能を発揮して、世界中でブームを巻き起こしたことは前章で説明したとおりです。ここではCNNの中身についてもう少し詳しく説明しようと思いますが、ネットの構造を説明する前に、まずはCNNの構造や学習に関連する用語を一覧表にしました。

第3章　ぜひ使ってみたい役に立つアルゴリズム

表3-9　畳み込みニューラルネットワーク（CNN）の重要な要素や手法

層	説明
畳み込み層（convolution layer）	脳の単純（S）細胞に相当する役割を持つ。圧縮、抽象化によって特徴を抽出する（特徴マップ）。ノイズ除去などの効果もある。フィルタと活性化関数を使って圧縮の計算が行われる
プーリング層（pooling layer）	脳の複雑（C）細胞に相当する役割を持つ。畳み込み層が抽出した特徴をさらに圧縮し、「位置のずれ」を吸収する役割などがある。平均値やプーリングの計算にはいくつかの手法があるが、最大値プーリング[注26]や平均値プーリングなどがよく使われる
全結合層（fully connected layer）	全結合とは、次の層の全てのノードと結合しているということ[注27]。全結合層はマトリックスではなく行列であり、通常は出力層の直前にこのような層を置く
フィルタ（またはカーネル）	畳み込み層に特徴を抽出するためのフィルタ（カーネルと呼ばれることもある）。フィルタは通常 $n \times n$ というような行列。フィルタのサイズ（n）はあらかじめ決めるが、フィルタの値は初期値から学習させる
活性化関数（activation function）	次のノードに刺激を伝達する（活性化する）か否かを判別する関数で、伝達関数ともいわれる。ソフトマックス関数、シグモイド関数、ReLU関数などがある
ReLU関数	Rectified Linear Unit の略で rectifier は整流器のこと。現在よく使われる活性化関数。2011年に使用が提案[注28]され、きわめて単純だが性能が良い
ドロップアウト（dropout）	過学習を抑制するために、一部のニューロンの重みをランダムに0にする手法。2012年のAlexNetから採用された。非常に簡単な手法だが過学習抑制に大きな効果がある
ソフトマックス関数（softmax）	ニューラルネットの出力層によく使われる関数。その層から出力された全ての値に指数化してから重みを正規化する[注29]
交差エントロピー（cross entropy）	対数損失ともいわれる。エントロピーは物事の不確かさを計る指標で、ある事象の起こる確率の逆数の対数[注30]として定義される。交差エントロピーはこれを、二つの事象に拡張したもの[注31]。ニューラルネットワークの損失（誤差）関数では、平均二乗誤差（MSE）でなく、交差エントロピーがよく使われる
ミニバッチ学習（mini-batch）	学習データを一括して使うバッチ学習に対し、ミニバッチ学習は学習データを少しずつ逐次的に使ってモデルを更新する方法。大規模なディープラーニングなどではこの方法をとることが多い。学習データをさらに細かく分け、新しいデータが入り次第学習する方法をオンライン学習という

注26　対象の領域の最大値をプールする。
注27　この層以外は、通常は全てのノード同士が結合しているわけではない。
注28　2011年にモントリオール大学のGlorotら三人が活性化関数として $f(x) = \max(0, x)$ という関数の使用を提案し、これをRectifier活性化関数と名付けた。
注29　つまり、各層からのもともとの出力を z_i とすると、i 番目の層からの出力を $\dfrac{\exp(z_i)}{\sum_j \exp(z_j)}$ として計算する。
注30　つまり、ある事象が起こる確率を p とすると $-\ln(p)$ となる。
注31　二つの事象の起こる確率を p と q とした場合、交差エントロピー $= E_p(-\ln(q))$ となる。

フィルタ（またはカーネル）とは例えば**図3-8**のような行列です。これは3×3の三つのフィルタですが、フィルタには、画像の縦方向や横方向ののエッジ（明るさ）を、それぞれ微妙に違うやり方で検出する役割などがあります。

フィルタ1		
1	0	1
0	1	0
1	0	1

フィルタ2		
−1	−2	−1
0	0	0
1	2	1

フィルタ3		
−1	0	1
−2	0	2
−1	0	1

図3-8　3×3のフィルタの例

さて、基本的な用語を理解したら次に1980年に福島が考案したCNNの原型をルカンが発展させた、1994年時点のLeNet-5（**図3-9**）をもう少し調べてみましょう。最近のCNNは規模が大きく複雑すぎるので、基本的な構造を理解するにはこのぐらいのサイズがちょうどよいのです。

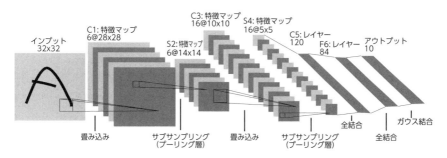

図3-9　CNN（1994年のLeNet-5）の構造

このCNNは7層からなっていて、最初の四つは、畳み込み層とプーリング層が交互に現れ、次に全結合層（二つ）と出口層があります。**表3-10**に各層のサイズと個数がどうやって作られたかをまとめたのでご覧ください。

第3章　ぜひ使ってみたい役に立つアルゴリズム

表3-10　LeNet-5の各層について

層	サイズ	数	説明
インプット層	32 × 32	1	32 × 32 = 1,024 個のマスに、色の濃さを示す数値で手書き数値の画像を表現
C1（畳み込み層）	28 × 28	6	フィルタ（サイズ 5 × 5）を使って、画像の各部分の特徴を 28 × 28 の行列（特徴マップ[注32]）として抽出[注33] する。この作業を 6 種類のフィルタで行い、6 種類の特徴マップを得る
S2（プーリング層）	14 × 14	6	C1 の 2 × 2 ＝四つずつのセルの平均値[注34] で一つのセルの値に圧縮するプーリング処理[注35] を行って 6 個の特徴マップを作る
C3（畳み込み層）	10 × 10	16	S2 に 16 種類のフィルタを適用して、サイズ 10 × 10 の 16 個の特徴マップからなる層に畳み込む
S4（プーリング層）	5 × 5	16	再びプーリング処理で 2 × 2 のセルを一つのセルに圧縮し、16 個の特徴マップからなるプーリング層へ射影
C5（全結合層）	1 × 120	1	S4 の各セルと全結合した活性化関数を使って、長さ 120 のベクトルを作る
F6（全結合層）	1 × 84	1	C5 の 120 のセルと全結合した長さ 84 のベクトル
アウトプット（出口層）	1 × 10	1	F6 の 84 のセルと結合した、0 から 9 の数字に対応する長さ 10 のベクトル。この出力には RBF 関数が使われた

　四つの畳み込み層とプーリング層によって、5×5×16（＝400）個のセル情報に圧縮された数字の画像が、三つの全結合を通って最後は長さ10の出力ベクトルの数値となります。畳み込み層とプーリング層が出口に近づくほどサイズが小さくなる一方で、層の個数が増えていくことに注意してください。

　さて、このLeNet-5では、畳み込み層を計算するフィルタと全結合部分に重み係数（パラメータ）が使われていますが、これらの係数を調整することが「学習」にあたるわけです。ただし、プーリング層ではあらかじめ決めた方法で計算するだけなので学習する必要がなく、学習によって逐次更新されるのは残りの部分の係数です。

　この学習に、ヒントンが1986年に考案した誤差逆伝播法が使われます。誤差逆伝播法では、学習データのサブセットを分類した誤差を元に、出力層から順に逆向きに重み係数を調整します。

　ネットワークの構成は現在では同じくらいの規模のものでも、これ以外にいろい

注32　フィルタによる畳み込みやプーリング処理でできた行列を特徴マップ（feature map）と呼ぶ。
注33　フィルタを適用する作業を一つずつスライドさせながら（32 − 5 ＋ 1）＝ 28 回ずつ行うので、この層の行列のサイズが 28 × 28 になる。
注34　平均値を使うものを平均プーリング、最大値を使うものを最大プーリングという。現在は最大値を使う場合が多い。
注35　特徴マップ（feature map）、あるいは活性化関数を使うので活性化（activation）マップともいう。

ろなパターンのものが考案されています。第8章ではそうしたネットワークをいく
つか紹介します。

3.10　2012年のAlexNet登場以来のディープラーニング

　ディープラーニングについてもう少し説明を続けましょう。2012年の画像識別
コンテストLSVRCで優勝したAlexNetの登場によって時代が変化したことは前章
で説明しました。AlexNetでは、活性化関数に使われるReLU関数、出力層にソフ
トマックス関数、そして過学習抑制のためにドロップアウトなどが導入されたこと
で大幅に性能が向上されました。興味深いのはこれらの改善の一つひとつはどれも
非常に簡単な手法だったことです。いわば「ひょうたんから駒」という感じで、ちょっ
とした発想の転換から生まれたシンプルな手法で、非常に大きな性能向上がみられ
たのです。

　例えばドロップアウトは、AlexNetを作ったヒントンやクリジェフスキー自身に
よって導入されたアイデアで、ほかの機械学習における過学習抑制の正則化に相当
する手法です。ドロップアウトでは、最後の出力層への結合のうち、一定の割合を
ランダムに選んで、その重み係数を0にするのです。つまり、ランダムに選んだ一
定割合の情報を無視するという、ある意味でもったいない方法なのですが、情報が
多すぎるよりはましということです。これによって過学習が抑えられます。ランダ
ムフォレストにもいえますが、ランダムさの導入によって、実行のたびにモデルが
少しずつ変化するというマイナス面もある反面、それを補って余りあるような、モ
デルの過学習などへの頑健性が得られるのは興味深いところです。

　それから、2011年に当時モントリオール大学のX. Glorotらによって導入された
ReLU関数も次のように驚くほど単純な関数です。

$$f(x) = \max(0, x)$$

　Glorotらは、それまでよく使われていた脳の伝播を模したシグモイド関数に替え
て、これを使うとディープラーニングの学習が非常にうまくいくこと[注36]を発見した
のです。

注36　損失の勾配は微分値で計算されるが、ReLU関数では変数が正の値なら1という一定の値であるためうまく機
　　　能すると理解されている。

第3章　ぜひ使ってみたい役に立つアルゴリズム

　もう一つ、ディープラーニングの学習はほかの機械学習と違ってミニバッチという学習方法を多くとることを説明しておきましょう。これまで説明してきたSVMやツリー構造などの学習では、通常は全ての学習データを一括して使って学習を行います。つまり、最終モデルは1回の学習プロセスによって行われるのです。これをバッチ学習といい、RやPythonの標準的な関数はバッチ学習になっています。一方、大量の学習データを使うディープラーニングでは学習データを分割し、逐次的に使ってモデルを更新する方法がよくとられます。これをミニバッチ学習と呼びます。ミニバッチ学習の良いところは、大量の画像データのような、一度に学習させるには大容量すぎるデータにも対応できて、新たな学習データの入手のたびにモデルを少しずつ更新させられることです。モデルの更新は1から学習させるより学習負荷が大幅に軽減されます。一方で、ミニバッチでは新しく利用したデータの影響が大きくなったり、ミニバッチのサイズが小さいと異常値の影響が大きくなるという問題点もあります。

　2012年以降、ディープラーニングを実践する環境は急速に進歩しました。第8章ではKerasというライブラリを利用してReLU関数やドロップアウトを導入したネットワークのコードを紹介しますが、Kerasを使えば驚くほど簡単にディープラーニングのネットワークを構成できます。ディープラーニングのブームが起こってからたった数年でここまでツールが進化するのは驚きです。こうしたツールの登場でディープラーニングの大衆化が始まり、画像認識の分野などはすでに成熟しているともいえそうです。しかし、ディープラーニングは応用範囲の開拓や、多数の層がどのように機能しているのかの解明など、まだまだ伸びしろが大きいように思えます。今後も、しばらくの間はディープラーニングが機械学習の話題の中心であり続け、その内容は次に説明する強化学習への活用などに移っていくのではないかと思われます。

3.11　人間のタスクを機械自身が学習する強化学習

　前章では、Google子会社のDeepMindが強化学習にディープラーニングを取り入れたアルファ碁などで、世界を驚かせる成果を出したことを説明しました。彼らの強化学習は囲碁など多くのゲームでハイクラスの攻略方法を機械自身が学習するだけでなく、その学習水準が人間のトップレベルを凌駕するものであったことが世界を驚かせました。

近年のAIブームで一般にはディープラーニングばかりが注目されている状態だと思いますが、強化学習こそ、将来的に世界のあり方自体を変えるようなポテンシャルを秘めたアプローチかもしれません。

強化学習が、SVMやディープラーニングのようなほかの機械学習と決定的に違うのは、それが単なる分類器や予測器ではなくもっと大きなレベルのシステムの枠組みとなり得る点です。例えば、DeepMindのアルファ碁のなかには、複数の本格的なCNNが利用されています。つまり、アルファ碁という強化学習のAIのなかには、部品としてハイレベルな別の機械学習がいくつも組み込まれているのです。さらに強化学習は、AI以外のほかの工学、例えば自動車やロボットなども結び付けられます。

図3-10は前章でも説明した強化学習の基本的な構図を、少し別の表現で描いたものです。強化学習のようなAIは「エージェント」と呼ばれます。エージェントは環境を認識して自分で行動を決定し実行できるコンピュータプログラムのことです。単なるプログラムではなく、ほかの工学的な装置も備えたロボットのような場合もあります。エージェントがなんらかの行動を起こせば、状態が変化するとともに報酬が与えられます。例えば、アルファ碁の場合では行動は差し手、状態は囲碁の盤面、そして報酬は局面評価値の変動を意味します。強化学習は行動と報酬の関連性を学習して、より高い報酬を得るためにはどのように行動すればよいかを学習するのです。

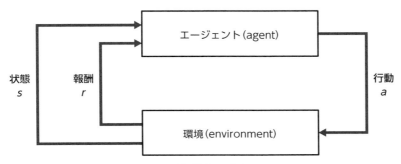

図3-10　強化学習のアウトライン

強化学習の基礎を築くのに大きな役割を果たしたのは、アメリカの数学者のリチャード・ベルマン（Richard Bellman, 1920 – 1984）です。ベルマンの大きな功績は「動的計画法（dynamic programming）」というアプローチの考案で、これが

第3章　ぜひ使ってみたい役に立つアルゴリズム

DeepMindのアプローチをはじめ、多くの強化学習に取り入れられています。動的計画法とは、プログラミングを一括で行うのではなく、部分的な計算を繰り返しながら、その結果を利用して全体を完成させていくというアプローチです。

　ベルマンは次に記すベルマン方程式と呼ばれる方程式を示して、動的計画法の最適解が満たすべき条件を示しました。

$$V^*(s) = \max_a E\{r_{t+1} + V^*(s_{t+1})|s_t = s, a_t = a\}$$

　ここでV^*はこの方程式を満足させる最適な価値関数、a、r、sはそれぞれ行動、報酬、状態を表します。価値関数や行動の選択肢の設定は簡単でない場合が多いのですが、それを決めればこの方程式に沿うような最適な行動を計算できる可能性があるわけです。

　さて、強化学習の細部まで論じるのは本書の趣旨ではないので、最後に強化学習がどんな分野での活躍を期待されているかを簡単に説明します。**表3-11**は、前章で紹介したシルバーが示した[注37]強化学習に期待される応用です。強化学習は、これまで人間が行っていたタスクを学習して実行することが可能なのです。

表3-11　強化学習に期待される役割の例

カテゴリー	例
物理システムの制御	歩く、飛ぶ、ドライブする、泳ぐなどの物理的システム
ユーザのインタラクト	顧客のメンテナンス、顧客の個人的なルート、顧客の経験の最適化
物流問題などの解決	スケジューリング、帯域幅割当、エレベータの制御、コグニティブ無線、電力の最適配分
ゲームのプレイ	ゲーム、チェス、チェッカー、囲碁、Atari ゲーム
連続アルゴリズムの学習	検知、メモリー、コンディショナル・コンピューティング、有効化

注 37　https://www.youtube.com/watch?v=qLaDWKd61lg

RとPython

4.1 機械学習を実践するならRかPythonは必須

　ここまで機械学習のおもな手法やその歴史などを説明してきましたが、本章では機械学習を実践する場合のプログラミング言語について説明します。機械学習に関心があり本書を手にしている読者であれば、RとPythonというプログラミング言語の名前はご存知でしょう。実際、この二つの言語はフリーで利用可能で、近年たいへんな勢いで機能を充実させているので、少なくともこのどちらかの言語を学ぶことは機械学習を実践するには必須といっても過言ではありません。

　まずは、具体的な数値からみていきましょう。KDNuggetsという有名なデータサイエンスのWebサイトが毎年行っている、データサイエンス・機械学習におけるソフトの人気投票の最近の結果です（**図4-1**）。いろいろ見慣れない単語もあろうかと思いますが、実はこのなかでプログラミング言語はRとPythonの二つだけで、ExcelやSQLを除いてほかはほとんどがRやPythonなどととともに使うツールのようなものです。

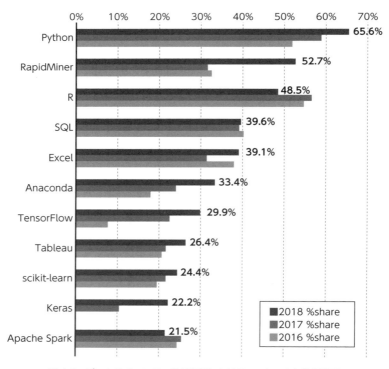

図4-1　データサイエンス・機械学習におけるソフトの人気投票結果

4.1 機械学習を実践するならRかPythonは必須

　つまり、プログラミング言語としては、RかPythonの2択だということです。R
とPythonには次のような共通の利点があり、これらの利点が人気を博している大
きな原因の一つであることは間違いないでしょう。

- フリーである
- コンパイルが不要である
- 動的プログラミング言語[注1]である
- スクリプト言語[注2]（簡易言語）である
- （スクリプト言語のなかでもとくに）簡潔にコードが書ける
- Windows、macOS、Linuxで全く同じように実行可能
- 大きなコミュニティーが存在し、ネットなどで十分な情報が得られる
- ほかの言語とのインターフェースに優れる（RとPythonのインターフェース
  はとくに良い）
- 機械学習に関連する機能が充実している

　RとPythonは、どちらも1990年前後に開発がスタートし同じような長さの歴史を
有しています（**図4-2**）。二つの言語の特徴や違いはこれから説明していきますが、二
つの言語の際立って大きな違いは、Rはもともと統計やグラフィックに特化した、い
わば「オンリーワン」的な存在であったのに対し、Pythonは（PHPやRubyなど）いく
つかの有力なスクリプト言語の一つであった状況から、近年の機械学習のブームで急
速にユーザ数を増やし、ライバルの言語のなかで突出した言語になったことです。

注1　CやJavaのように、変数の型を変更できない言語をスタティック（静的）言語という。それに対し、Python
　　　やPHPなどは変数の型の変更が可能であり、動的言語と呼ばれる。動的言語では変数を宣言する必要がな
　　　いことが多いので簡易言語と重複することが多い。
注2　簡易的にプログラミングできる言語のことをこう呼ぶ。厳密な定義があるわけではないが、スクリプト言語と「コ
　　　ンパイル不要」「動的言語」とは密接に関連している。Python、R、PHP、Ruby、Perl、JavaScriptなど
　　　がスクリプト言語の代表的存在。

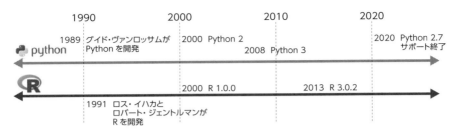

図 4-2　R と Python の歴史

　R と Python は競合関係にあるというよりは補完関係にあり、お互いの連携は非常に簡単です。R と Python はどちらも機械学習が得意なのでライバルのようにみられる場合もあるかもしれませんが、実際には得意とする領域はかなり異なっています。そして、近年は両者を連携するためのライブラリなどはますます充実してきて、両者を補完して併用するハードルは下がり続けています。本格的なデータサイエンスや機械学習を使いこなすためには、両方をうまく使いこなすのが理想的なのです。R と Python に加えて Julia という簡単に書けて非常に高速なプログラミング言語も注目されています。将来的には、こうしたいくつかの有力な言語を連携させ、優れた部分だけを使い分けるというアプローチが主流になっていくものと思われます。このあたりのことは第7章で詳しく説明します。

4.2　統計とグラフィックの R 言語

　R 言語は当時ニュージーランドの大学で同僚だった、ロス・イハカ (Ross Ihaka) とロバート・ジェントルマン (Robert Gentleman) の二人によって作られ、1995年に一般に公開されました。二人ともファーストネームがRで始まることがRという名称が付けられた要因の一つとされます。Rは80年代にAT&Tのベル研究所が作ったS言語という統計分析用の言語の統計機能を、レキシカル・スコープ[注3]という言語方式で発展させる形で誕生しました。1997年からはR Development Core Team が設立され、開発を担っています。

　R プロジェクトの Web サイト[注4]では、R 言語を次のように説明しています。「R

注3　レキシカル・スコープ（lexical scope）は静的スコープともいう。スコープとはプログラム中で変数や関数などの参照が可能な有効範囲のこと。レキシカル・スコープは字句を解析した時点でスコープが決定する。スコープには動的スコープとレキシカル・スコープの2種類があり、後者は R、Python、Java など近年の多くプログラミング言語が採用している。

注4　https://www.r-project.org/

は統計学的な計算およびグラフィックスのための、フリーのソフトウェア環境です。」

ソフトウェア環境というのは、ソフトウェアそのものだけではなく、OS、ほかの言語とのインターフェース、デバッグのファシリティ、後で説明する開発環境であるRStudioなど、それを取り巻く環境のことを指します。

PythonがPHPやRubyなどと同様に汎用的なプログラミング言語であるのに対し、Rは「統計とグラフィック」という強い目的意識を持って生まれた特殊な言語といえます。Rの主たるユーザはプログラマーではなく、アカデミック界やデータアナリスト、R&D関連の方などなのです。近年の機械学習のブームで「R対Python」といった議論がよくなされるようになりましたが、Pythonは近年になって機械学習の機能を急速に充実させてきた言語であるのに対し、Rはもともと機械学習を含めた統計分析を主戦場とする非常にユニークな言語なのです。Rの特徴を簡単に箇条書きにしてみましょう。

Rの特徴は次のとおりです。

- 統計とグラフィックに強い
- ベクトル、行列やリストの扱いが容易で高速である[注5]
- より関数的な言語である
- 非常に多様なパッケージがある（選択肢が多いが、慣れないと選択が難しい）
- 一部のパッケージ以外はシングルCPU

統計分析用の言語であるRでは、ベクトル、行列やリストの扱いにほかの言語にない強みがあり、これらを非常に簡単に扱えます。これは、統計分析を行ううえで大きなメリットです。

Rが機械学習に強いのも、そもそも統計分析が目的だったことによります。本書で説明する内容について、今でこそ「機械学習」という言葉が一般的に使われますが、10年以上前であれば、例えば「統計的パターン認識」などの言葉のほうが一般的でした。つまり、もともと機械学習は統計分析そのもの、あるいはその延長線上の技術なのです。したがって統計に強いRは機械学習の分野では最も重要な言語だったのです。

注5 　そもそも、そうした目的で設計されており、ほかの言語と違ってベクトルとリストがデータ形式の基本形になっている。一方でループ処理などではCやJavaなどに比べて大幅に遅いとされる。

第4章 RとPython

　Rの利用においては、統計やデータ操作のかなりの部分は基本関数などでできますが、それ以上の専門的な機能の関数やデータなどは「パッケージ」（あるいはライブラリ）を呼び出して利用します。パッケージの数は非常に豊富かつ急速な勢いで増え続けていて、2018年夏時点で12,000を超えています。そしてこれらのパッケージは、直接的に統計分析や機械学習の関数を提供するものばかりでなく、グラフィック、データのさまざまな処理、データベースやほかの言語へのアクセスなど、さまざまなカテゴリーがあります。そして、パッケージに限らずRに関する全てのリソースはCRAN（Comprehensive R Archive Network）というWebサイトから取得できます。

　これらのパッケージの制作は多くのメンテナー（Maintainer）と呼ばれる開発者によって支えられています。一人で数十ものパッケージを提供する開発者もおり、なかでも有名なのはニュージーランドのデータ・サイエンティストでRStudio社のチーフサイエンティストなどを務めるハドリー・ウィッカム（Hadley Wickham）です。彼はTidyverse[注6]という独特の哲学にもとづくパッケージ群を提供しています。Tidyverseのパッケージ群はデータ処理、グラフィック、機能などモデリングなどに関する非常にお洒落で高速で、かつ使いやすい機能を供給し続けていて、そのパッケージ群の存在は、後で説明するRStudioとともにRを利用する強いインセンティブになっています。

　また、アカデミックや企業のリサーチ部門などで開発された新しい統計手法について、論文の発表と同時にその手法がRのパッケージとして公開されることもしばしばあります。つまり、最先端の研究成果をそのままパッケージとして利用することが可能になるのです。こうしたことは、ほかのプログラミング言語ではほとんど期待できないことです。例えばPythonなどでは、一般的にその新しい統計分析の手法がかなり認知されるようになってはじめてその機能の開発が行われます。

　統計とともにRの本領が発揮されるのはグラフィックスの機能の充実においてです。具体的なパッケージなどは後で説明しますが、Rには本当にさまざまなグラフィック機能があり、統計分析の結果を多彩な表現のなかから見やすい形でアウトプットできるのです。

注6　tidyとは整然とした、きれいな、という意味で、これがTidyverseの哲学である。TidyverseはRのパッケージ群のなかでも重要な位置を占めている。ggplot2以外にはdplyr、tidyr、readr、purrr、tibble、stringr、modelrなどがある。これらの一部は後節で紹介する。

4.3　独特な哲学を持つPython

　さきほどは機械学習の2大人気言語がRとPythonであることを説明しましたが、この数年に限っていえばPythonの勢いが優勢です。ほかのスクリプト言語との比較ではその傾向はさらに顕著です。ではPythonはなぜ、ほかのスクリプト言語を出し抜いて、機械学習ブーム時代に急成長したのでしょうか？

　Pythonは、オランダ出身のアメリカ在住のプログラマー、グイド・ヴァンロッサム（Guido van Rossum, 1956 - ）によって作られました。ヴァンロッサムはオランダで開発されたABCという言語を使った開発の仕事をしていました。ヴァンロッサムはこの経験を通じて、自分自身でプログラミング言語を作ることを思い立ったそうです。彼はABC言語のいろいろな特徴が好きだった一方で、いくつかの不満を持っていました。とくに拡張性のなさが大きな不満でした。この欠点のため、当時彼が担当していた仕事をうまく行うことができなかったのです。1989年のクリスマス休暇に、ヴァンロッサムは自分自身で新しい言語を開発することを決断しました[注7]。こうしてPythonが開発されたのです。ABCは非常に使いやすい言語だったそうですが、Pythonはその良いところをさらに強化して、欠点が修正されました。その結果PythonはABC言語を引き継ぐ形で即座にユーザを獲得しました。

　ヴァンロッサムはユニークな趣向の持ち主で、Pythonという名前をモンティ・パイソンという70年代ごろに世界中で有名だったイギリスのコメディ・グループからとりました。彼は、自分の作る言語はユニークで少しミステリアスな印象があるべきだと考えたようです

　Pythonの特徴として次のような点がよく指摘されます。

注7　https://docs.python.org/3/faq/general.html#why-was-python-created-in-the-first-place

第4章　RとPython

- 簡潔である
- 読みやすい（誰が書いても似たコードになる）
- Rに比べるとよりオブジェクト指向[注8]で汎用的なプログラミング言語
- 機械学習は一部のライブラリに依存
- 簡単に並列処理できる
- ほかのスクリプト言語の経験があれば馴染みやすい
- Webやモバイルを含めたGUIが充実

　ほかのスクリプト言語との比較としては、簡潔さと読みやすさという点で、Pythonは非常に気を使って設計されており、これが近年ライバル言語に対して優位に立つ一つの要因かもしれません。例えば、Pythonではほかの言語と違ってインデント（字下げ）が非常に重要な意味を持ちます。If文など複合文のなかに含まれる文はブロックという単位にまとめられ、どこからどこまでを同じブロックとするかについては文の先頭に同じインデントを配置して表現します。

Python

```
ヘッダ1（if文、for文など）：
    文1
    文2

ヘッダ2：
    文3
    文4
```

　筆者はPythonを使い始めた際、インデントを気にしなければいけないことが面倒に感じましたが、後になってこれがPythonの重要なメリットであると気付きました。ほかの言語ではブロックの表現の方法がまちまちなため書き手の個性が出てしまい、ほか人には読みにくくなりがちなのに対し、Pythonは統一されたインデントによって誰が見ても複合文の構造が一目瞭然なのです。

　ヴァンロッサムは1999年にZen（Zen of Python：禅）というユニークでミステ

注8　関数やデータを「オブジェクト」といういわばカプセルのようなものに分けてプログラムを作成し、その集合体として全体を構築する方法。この手法により、各機能の場所が明確になったり、オブジェクトを共通資源として利用できるようになったりするメリットがある。

リアスな方針を明確にしました。ここにはPythonという言語の哲学がよく表れていて、これまで説明してきたPythonの特性は、その哲学が反映されたものと思われるので紹介します。個人的には、これらの言葉には（一部の冗談を含めて）とても共感します。

Zen of Python

醜いより美しいほうがよい（Beautiful is better than ugly.）

潜在より明示のほうがよい（Explicit is better than implicit.）

複雑より簡潔のほうがよい（Simple is better than complex.）

混迷より複雑のほうがよい（Complex is better than complicated.）

入れ子より平坦のほうがよい（Flat is better than nested.）

過密よりまばらのほうがよい（Sparse is better than dense.）

読みやすさは重要である（Readability counts.）

ルールを破るほどの例外はない
（Special cases aren't special enough to break the rules.）

たとえ実用性による純粋さが失われても（Although practicality beats purity.）

黙ってエラーを見逃すな（Errors should never pass silently.）

わかっている場合は別として（Unless explicitly silenced.）

はっきりしない場合は、その場しのぎの推測をするな
（In the face of ambiguity, refuse the temptation to guess.）

ひとつの、できればたったひとつの、自明なやり方があるはずだ
（There should be one-- and preferably only one --obvious way to do it.）

ただし、そのやり方はオランダ人以外には最初は自明でないかもしれない
（Although that way may not be obvious at first unless you're Dutch.）

やらないより今やるほうがよい（Now is better than never.）

ただし、「今すぐ」よりやらないほうがよいことも多い
（Although never is often better than *right* now.）

もし実装内容の説明が困難なら、それは悪いやり方だ
（If the implementation is hard to explain, it's a bad idea.）

第4章 RとPython

4.4 Pythonと機械学習

　ほかのスクリプト言語との違いはわかりましたが、Pythonはなぜ、機械学習の
ブーム到来とともに急成長したのでしょうか。実は、PythonはRと全く違って、
もともとは数値計算や統計分析のことはあまり意識していない言語でした。実際に
Pythonの標準ライブラリはさまざまな分野について非常に充実しているのですが、
数値計算はその例外だったのです。これは、Pythonの前身であるABC言語の用途
の影響があったのでしょう。

　その結果、Pythonの数値計算や機械学習は、後から外部の開発者が作ったライ
ブラリに依存することになりました。このあたりの状況はRと大きく違うとこ
ろです。Pythonで機械学習の勉強を始めるとすぐにわかりますが、数値計算は
NumPyというライブラリに多くを依存しています。これがないと本格的な数値計
算を伴う分析はなにも始められないような状況です。このような数値計算の必須ラ
イブラリの登場は、2006年まで待つ必要があったのです。

　機械学習の対応はさらに遅れました。Pythonではディープラーニング以外の機
械学習の関数はscikit-learnというライブラリにほぼ集約されていますが、このラ
イブラリが登場したのは2010年のことでした。scikit-learnの開発プロジェクトは、
Googleが主催するLinuxのオープンソースコードの品質向上プロジェクト[注9]から
スタートして、フランスを中心とする研究者グループの尽力によってできあがりま
した。このように、Pythonの機械学習の関数は一部の参加者のリーダーシップの
もとに計画的に作られたものなのです。ほかの汎用的なプログラミング言語と比較
して、Pythonにこのような強力な協力者が出現したのはそのユニークな哲学と、
実際にそれを反映させたシンプルさや明瞭さが、多くの優秀なプログラマーを惹き
つけた結果です。いずれにしても、このような歴史的な背景があるので、統計や機
械学習に関して、数えきれないほどパッケージが存在するRと異なり、皆がほぼ同
じライブラリを使用することになります。

　Pythonはディープラーニングの開発者からも支持を得ました。ディープラーニ
ング用のライブラリは2013年ごろから次々に登場するようになり、当初はC++な
どが中心だったそれらのインターフェースは次第にPython中心にシフトしました。
第8章で説明するKerasもその一例で、こうした動きが、昨今のPythonブームに
つながっているわけです。近年のディープラーニングの実践は、かなり複雑で大規

注9　2005年からスタートしたGoogle Summer of Codeというプロジェクト。

90

模な構造が必要になりますが、簡潔で読みやすいというPythonの哲学が多くの支持者を得たのだと思われます。Rに比べて、より汎用プログラミング言語の性格が強いPythonのほうが大規模なコードの開発やGPUの活用には向いているという側面があるのでしょう。いずれにしても、ことディープラーニングに関していえば、Pythonのほうが選択できるライブラリが多く、それ以前の機械学習の機能の場合とは逆転現象が起こっています。

4.5　RStudioとJupyter Notebook

RとPythonはその言語自体が素晴らしいだけでなく、それを活用するためのツール（環境）にも強力なものがあります。そのなかでもRStudioとJupyter Notebookはとくによく利用されていて、読者がRやPythonを実践する際にはぜひこれらを試してみることをお勧めします。**表4-1**におもなツールを紹介します。

表4-1　RとPythonを活用するためのおもなツール（環境）

ツール	説明
RStudio	Rの総合開発環境（IDE）。コードのエディタ機能、データや結果の表示、パッケージの管理などRユーザが作業をするうえで便利な機能が搭載されている
Jupyter Notebook	コードを実行した結果をWebブラウザで表示し、プレゼンテーションや各種ファイルとしてダウンロードもできるツール。当初はPython向けであったが、現在はRとJuliaにも対応している注10。Jupyterのファイルは PythonやRでなくJSON注11形式である
R Markdown	Rのレポーティング機能で、RStudio上の操作からMarkdown記法注12によって、Rの分析結果をHTML、PDFやWordのファイルとしてアウトプットできる。コードの実行結果のレポーティング機能という意味ではJupyter Notebookに類似している

RStudio（**図4-3**）というのはRの総合開発環境（IDE注13）で2011年に最初のバージョンがリリースされました。筆者は個人的にたいへんお世話になっているツールです。総合開発環境では、パッケージのインストール、データの分析、コードを書いたり検証したりする作業、グラフィックのアウトプットなどさまざまな作業が非常に効率よくできます。RStudioはデータ分析の実行やプログラム開発の環境とし

注10　Jupyterという名前はJulia＋Python＋Rを縮めたもの。
注11　JSON（JavaScript Object Notation）は、言語から独立したテキスト形式の軽量のデータ交換フォーマット。JavaScriptの一部をベースに作られている。
注12　文章や図などをレイアウト（デザイン）の指定にしたがって表示するための軽量マークアップ言語（簡潔な文法を持つマークアップ言語）の一つ。
注13　Integrated Development Environmentのこと。

て非常に優れているのです。Rstudioのプロジェクトを始めたジョゼフ・J・アレール (Joseph J. Allaire, 1969 -) はTidyverseのウィッカムとともにRの世界の牽引者として知られます。

RStudioには、R Markdownというレポート作成機能も付いています。これを使えば、Rのコードにmarkdownという書法を書き加えてHTML、PDF、あるいはマイクロソフトWordのレポートとしてもアウトプットできます。RStudioの存在は、Rユーザの強い味方なのです。さらに、第7章で詳しく説明しますが、最近リリースされたパッケージによってPythonもRStudio上で簡単に利用できるようになっています。Rを使う際にはRStudioの利用を強くお勧めします。

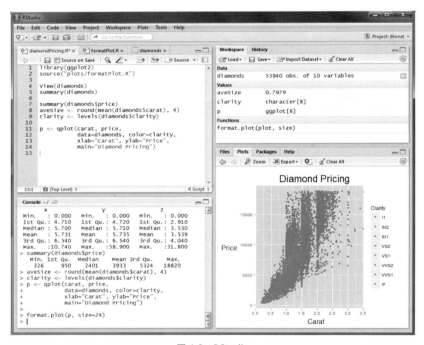

図4-3　RStudio

一方Pythonユーザの間でよく利用されるのがJupyter Notebook（**図4-4**）です。WebブラウザでRやPythonのコードが動作し、非常に見やすく表示される環境で、2015年に最初のバージョンがリリースされました。次章のコード実行結果もこのツールを使って表示しています。Jupyter NotebookはWebブラウザ上で動いているため、ファイルはRやPython自体ではなく、JSON形式で作成されます。プログラムとその実行結果だけでなく、markdown書法によってメモなどを挿入でき、作ったノートをそのままの形で保存できるのがJupyter Notebookの魅力です。Jupyter NotebookではRのコードも同じように扱えます[注14]が、Rにはさきほど説明したR Markdownというレポート機能があるので、Pythonユーザほどは使われていないようです。

IDEとしてのRStudioに対応してPythonにはSpyderやその他いくつか[注15]のIDEがあります。ただし、その完成度や使い勝手は今のところRStudioにおよびません。逆にいうと、RStudioはそれだけ出来が良いということです。開発者の利用が多いPythonの場合は、むしろテキスト・エディタを使って開発する場合が多いようで、最近ではATOMというモダンなテキスト・エディタが人気を集めています。

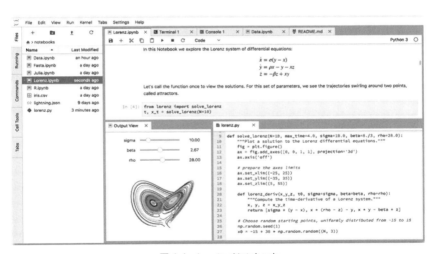

図4-4　Jupyter Notebook

注14　Rを使うには簡単な設定が必要である。
注15　Spyderのほかに、IPython、IDLE、PyCharmなどがある。筆者はSpyder以外はよく知らないが、少なくとも海外のユーザからいちばん支持されているのはSpyderのようだ。2018年には、RとPythonを両方使えるRIDEも登場している。

第4章　RとPython

RStudioとJupyter NotebookはAmazonやGoogleなどのクラウドエンジンから、ブラウザを通じて使えるというメリットがあります。クラウドエンジンを自分のPCのような感覚で使うこともできるのです。

4.6　Rによる機械学習向けの主要なパッケージ

Rでは、標準実装されている機能で、だいたいの基本的なデータ処理や統計分析はできますが、さらに踏み込んだ分析やアウトプットをする際には、豊富なパッケージ群を利用する必要があります。ただし、どのパッケージを使えばよいか、慣れないとなかなかわかりにくいことがあります。そこで、機械学習に関連する、筆者の知る限りの主要なパッケージをご紹介します。どんどん新しく魅力的なパッケージが出続けていることがRの大きな魅力の一つです。

パッケージのインストールはRStudioを使うと非常に簡単にできます。まずは、機械学習のモデルに関するおもなパッケージを紹介しましょう。Rの機械学習のパッケージは、Pythonのscikit-learnに相当する、総合的な機能を有するパッケージから、ツリー構造やカーネル法など個別のアプローチに特化したものまで非常に多彩です。ここでは、古くからの定番も一部示しますが、できるだけ現時点で機能が優れたものをセレクトして紹介します。

94

表4-2 Rの機械学習のモデルに関するおもなパッケージ

パッケージ名	説明
VGAM	一般化線形モデル[注16]（VGLM：Vector Generalized Linear Model）と一般化線形混合モデル（VGAM[注17]）に関するパッケージ。例えば一般化線形モデルの一種のロジスティック回帰などにも使える
rpart	決定木でよく利用されるパッケージ。回帰木、生存木などに対応
e1071	フーリエ解析、SVM、ナイーブベイズ・モデル、各種クラスタリングなどに関するパッケージ。SVMのパッケージとしてよく選択される
kernlab	SVMなどカーネルベース[注18]の機械学習や統計分析のパッケージ。多様なカーネル関数に対応している
randomForest	かつてのランダムフォレストの定番
ranger	比較的新しいランダムフォレストのパッケージ。高次数の分析に強い。並列処理などで非常に高速であるうえに、重要変数抽出の機能も充実している。C++で書かれている
Rborist	比較的新しいランダムフォレストのパッケージ。学習データのサイズが大きい場合でも高速に処理する
XGboost	勾配ブースティングの定番的なパッケージ。高速かつさまざまなチューニングが可能
neuralnet	ニューラルネットでよく使われてきたパッケージの一つ。Cで書かれているがシングル・スレッド
Caret	機械学習に関するさまざま関数や機能を総合的に提供するパッケージ。最初のバージョンが2007年にリリースされた。総合的なパッケージとしてはかつての定番
mlr	2013年に登場した、機械学習に関するさまざま関数や機能を総合的に提供するパッケージ
H2O[注19]	ニューラルネットも含めた各種の機械学習の関数のパッケージ。H2O社が提供しているもので、マルチ・スレッドに対応し処理速度が高速。ビックデータの分析などでよく利用される
TensorFlow	ディープラーニングなどで知られるGoogleの機械学習ライブラリ。Python版がよく知られるもののRインターフェース
Keras	GoogleのエンジニアたちがPythonで書かれているが、これはRstudio社によるRインターフェース
OutlierO3	6種類の異常値検出モデルを比較できるパッケージ

次に、データ処理に関するパッケージを紹介します。Rはもともと統計分析のための言語なので、パッケージを使わなくてもたいていのことができます。ただし、そうした機能は、大量のデータを扱う際には遅かったり、設計が少し古い場合が

注16　一般化線形モデル（(Vector) Generalized Linear Model）は一般化（残差の分布を任意に）した線形モデル。直線回帰、ロジスティック回帰、ポアソン回帰など。

注17　一般化線形混合モデル（(Vector) Generalized Additive（または Mixed）Model）は一般化線形モデルに個体差を表す分布（例えば正規分布）を加えた方法。

注18　SVMのようにカーネル関数を利用する分析手法。SVM以外にはカーネル主成分分析、スペクトラル・クラスタリングなどがある。

注19　H2Oの機械学習ライブラリはPython版もある。

あります。それを補うのが**表4-3**のようなパッケージです。データ処理に関しては
Tidyverseのパッケージ群の存在が大きく、これによってRのデータ処理能力や機
能は大幅に向上しています。

表4-3　Rのデータ処理に関するおもなパッケージ

パッケージ名	説明
dplyr	データフレームなどのデータ操作（抽出、部分的変更、要約、ソートなど）をお洒落な手法でフレキシブルに行う。C++ で書かれておりRの標準機能よりはるかに高速。Tidyverse のパッケージ群の中心的存在。
tidyr	データを縦長・横長・入れ子などに変形するための各種関数を供給する。Tidyverse のパッケージ群の一つ
purrr	関数型のプログラミングを補強するとともに、for ループや list の処理などをより簡潔に書けるようにしてくれる。Tidyverse のパッケージ群の一つ
tibble	データフレームを扱いやすくするための class をフレキシブルに作成。Tidyverse のパッケージ群の一つ
data.table	大量のデータを高速に扱う
readr	大量のデータ・ファイルを高速で柔軟に読み込む。Tidyverse のパッケージ群の一つ
readxl	エクセル・シートのデータを R に読み込む。Tidyverse のパッケージ群の一つ
forcats	変数（ファクター）に関する操作を便利に扱え、データ操作をサポートする。Tidyverse のパッケージ群の一つ
car	各種の回帰モデルの変数の受け渡しや、回帰分析に関連するさまざまな統計量の算出などを簡単に行う
zoo	時系列データの操作をする
xts	zoo の拡張機能で時系列データの操作をする。時系列データの分析時によく使われる
lubridate	日付、時刻を含むデータを簡単にとり扱える。Tidyverse のパッケージ群の一つ
VIM	k- 近傍法や回帰モデルなどを使って欠損データを代入
MissForest	ランダムフォレストを使って欠損データを代入。混合データなどで利用される
stringr	文字列操作を簡単に行うことができる。Tidyverse のパッケージ群の一つ

　Rは機械学習を含めた統計機能とグラフィックに注力しており、非常に多様で便
利なグラフィックスのパッケージ群を揃えています。そのなかには各分野の特定の
用途向けのグラフィック機能も多いので、ここでは機械学習に直接関連しそうなも
のを少し紹介します（**表4-4**）。

表4-4　Rの機械学習に関連する主要なグラフィックのパッケージ

パッケージ名	説明
ggplot2	R のデータ可視化パッケージとして非常にポピュラー。いろいろなグラフをいろいろな設定できれいに描ける。Tidyverse のパッケージ群の一つ
tidygraph	ノード集合とエッジ集合によって構成されるグラフ構造を可視化する。複雑なグラフ構造もきれいにグラフ化してくれる。Tidyverse のパッケージ群の一つ
corrplot	相関行列など各種行列の内容をいろいろなやり方でわかりやすく表示できる
scatterplot3d	かつてよく使われた 3 次元プロットのパッケージ
rgl	比較的新しく高機能な 3 次元プロット
DiagrammeR	ダイアグラム図に関するパッケージ
imager	4 次元までのイメージデータを処理（表示、加工）するパッケージ
radix	Web などにきれいでフレキシブルに表示することが可能なマークダウン・フォーマット
rpart.plot	rpart パッケージの延長機能で決定木などを可視化する
networkD3	状態遷移図を見やすく美しく作成

　Rには12,000以上のパッケージがあり、ご紹介したものは本当に一部です。これだけの数のパッケージがあるので、さまざまな分野についてそれぞれの領域に特化した興味深いパッケージがたくさんあります。機械学習以外の分野でも、例えば次のような領域があげられます。

- 医学関連
- ファイナンス・計量経済学関連
- 地理情報、地図関連
- カオス・複雑系関連
- マルコフ連鎖モンテカルロ（MCMC）法関連
- 物理・化学関連
- 心理学関連
- 大規模データ処理
- 並列処理

　Rではこうした分野についてすでに、その分野特有の分析専用のモデルやグラフィック機能をみつけられます。つまり、統計分析についてある程度専門性の高い分野では、Rの必要性が高くなるのです。

第4章 RとPython

4.7 Pythonで機械学習に使われるライブラリ

　次にPythonの機械学習に必要なライブラリについて説明します。さきほど説明したようにもともと数値計算用の言語でなかったPythonはNumPyというライブラリの登場によってその機能を備えました。逆にいうと、数値計算を行う際には、NumPyのインポートが必須で、多くの作業をNumPyの機能を使って行うことになります。NumPyの使い方は次章で少し説明しますが、たいへん重要なのでぜひ覚えてください。

　時系列データやデータフレームという、さらに拡張性のある形式のデータを使って分析を行う際にはPandasというライブラリが必要になります。データの形式については第6章で説明しますが、NumPyが扱う配列とPandasが扱うデータフレームは、非常に似ていて、かつデータ分析をする際はしばしば二つの形式の変換が必要になります[20]。配列とデータフレーム、NumPyとPandasはその機能や役割が紛らわしいので気を付けてください。またNumPyとPandasはデータの抽出の仕方などに少し違いがあるので、慣れと使い分けが必要です。このような基本的なデータの扱いという点では、Rの場合、標準機能を用いほぼ一貫した方法で行えるため、操作性ではやや分があるかもしれません。

　さて、Pythonで機械学習の各種アプローチの関数を使うにはプロジェクトの成果として生まれたscikit-learnが必要なことはさきほども説明したとおりです。このように、Pythonで機械学習を実践する場合は、特定のライブラリに多くを依存することになります。Rのように常に多数の選択肢があるわけではないので、選択に悩む必要がないともいえますし、選択の余地がないともいえます。Pythonの機械学習に使われるライブラリとその概要は次のとおりです。

注20　ライブラリの関数が自動的に変換してくれることも多い。

98

4.7 Pythonで機械学習に使われるライブラリ

表4-5 機械学習でよく使われるPythonのライブラリ

ライブラリ名	説明
NumPy	Pythonで数値計算を行うための拡張モジュール。数学、統計、日付に関する関数やベクトルや行列の演算などを揃え、大量のデータにも対応できるので、機械学習のみならず数理的分析には不可欠のライブラリ。NumPy自体は高速性を実現するためにおもにC言語で書かれている。アメリカのデータ・サイエンティストのトラヴィス・オリファント（Travis Oliphant）によって作られ、2006年に公開された
Pandas	もともと時系列などファイナンスのデータ解析を支援するために作られたライブラリ。シリーズ、データフレームなどを扱うためのNumPyよりも複雑なデータ構造を提供し、集計、可視化など機能が充実している。SQLなどデータベース言語と類似の機能を有する。NumPyの製作者であるオリファントらによって作られた
SciPy	各種の科学分析に必要な機能（統計、最適化、積分、線形代数、フーリエ変換、信号・イメージ処理、遺伝的アルゴリズムなど）を揃えたライブラリ。Googleが主催するオープンソースのプロジェクトから始まっている。NumPyでは足りない機能を補っている
scikit-learn	機械学習アルゴリズムのライブラリ。機械学習に関しては、ディープラーニングなど一部を除いて、ほとんどでこのライブラリの関数が利用される。SciPyのプロジェクトから延長（独立）したプロジェクト。オリジナルのコードは、フランス国立情報学自動制御研究所（INRAI）のメンバーのリーダーシップで2010年に作られた[注21]
Matplotlib	2次元の高品質なグラフを描図できるライブラリ。Pythonの数値計算などは非常によく使われる
TensorFlow	Googleの機械学習ライブラリ。2015年に公開された。最もポピュラーなディープラーニングのライブラリ
Keras	Googleのエンジニアたちが作った使いやすいニューラルネットのライブラリ。2015年に公開された。TensorFlowなどの上部で動作させられる。もともとPythonで書かれている
PyTorch	FacebookのAI開発チームによって開発された、ニューラルネットを中心にした機械学習のライブラリ。2016年に公開された。Kerasほど扱いやすくないが、設定の柔軟性ははるかに高い。人気上昇中
Chainer	日本のPreferred Networksによって開発されたディープラーニングのライブラリ。さまざまなニューラルネットの構造に柔軟に対応可能で、日本国内を中心に根強いファンがいる

注21 https://scikit-learn.org/stable/about.html#history

第4章 RとPython

4.8 それぞれの特徴と長所と短所のまとめ

さて、ここまでの説明で、RとPythonのそれぞれの特徴については、だいたい把握していただけたのではないかと思いますが、もう一度両者の違いを表にして整理しました。

表4-6 RとPythonの比較

	R	Python
おもな利用目的	統計分析、データ分析	開発や製品化
おもなユーザ	アカデミック、R&D、データ・サイエンティスト	プログラマー、開発者
おもなタスク	初期分析、探究的な分析	アルゴリズムの開発
外部パッケージ	非常に多い（12,000以上）	統計や機械学習関連は多くない[注22]
フレキシビリティ	既存のパッケージを利用するのが容易	新たなコードの開発が容易
総合開発環境	RStudio	Spyder、ATOM（エディタ）
プレゼンテーション	R Markdown、Jupyter Notebook	Jupyter Notebook
スピード	やや遅い作業もある。ただし高速処理のパッケージも充実	概してRより速い
ビッグデータ	対応可	対応可
学習難易度	やや異色の言語 パッケージが多いという点で要求される知識や経験は多くなる	ほかの言語との類似点が多い シンプルで取り組みやすい

Pythonの全体的なライブラリの数は膨大ですが、統計や機械学習に関連するものはさほど多くはありません。この観点でRとの対比をまとめてみました。

表4-7 機械学習のパッケージ数の多さに関する比較

	R	Python
利点	選択肢が多く、多様な利用目的に対応できる 新しく魅力的なパッケージが頻繁に現れる	選択の必要がない 使い方が類似していて慣れやすい
欠点	選択が難しい 使い方が少しずつ異なる パッケージの完成度にムラがある	選択肢が乏しい 分析の差別化が困難

これらの特徴を一言でいうと、こと統計や機械学習に関してRは膨大なパッケージの存在によりきわめてバラエティに富んだ選択肢がある言語であり、それが良い

注22 ただし、ディープラーニングに関しては、Pythonのほうが選択肢が多い。また、汎用的な言語であるPythonはRよりはるかに広い用途に用いられているので、ライブラリの数自体は非常に多い。

ところである一方で慣れるのに時間がかかります。一方のPythonはコードの書き方、ライブラリの選択肢のいずれについてもシンプルです。ただし、RにおいてもTidyverseのパッケージ群など同じ開発者による使い勝手が似ている強力な機能も増えてきたので、学習の困難さは多少軽減される傾向にあるようです。

4.9 どちらを使うべきか

さて、RとPythonについて、いろいろ説明をしてきましたが、ある程度の特徴は掴めたと思います。これから学習を開始するのにどちらが良いか悩まれている方や、両者の特徴を十分には把握しきれていない方もいるでしょうから、そうした方のためにもう少しアドバイスをしてみます。

結論からいうと、統計分析を本格的に学ぼうと思っていたり、自分自身でデータ分析をある程度本腰をいれて行う必要があるのならRが必要になる可能性が高いです。Rはそもそも統計向けの言語でRStudioのようなツールもあるのでデータのハンドリングやチェックは非常に優れています。さらに非常に豊富なパッケージ群があるので、それらを活用した試行錯誤が可能なのです。いろいろな分野で研究を深く続けていくとRのパッケージがないとできない処理が出てくることもあります。グラフィックにこだわりがあったり、マイナーな分野を扱ったりするのであれば、Rのほうが選択肢は圧倒的に多いのです。また、これまでほかのスクリプト言語の経験はなく、Excelなどしか使っていなかった方であれば、より本格的なプログラミング言語のPythonより関数的なRのほうが馴染みやすいかもしれせん。

一方で、あまり具体的な目的がなく機械学習を学んでみたい方や、将来プログラムの開発に携わりたい方、すでにほかの汎用的なスクリプト言語の経験がある方であれば、まずPythonから始めるのがよいと思います。Pythonは言語としても、利用するライブラリもシンプルなので取り組みやすいかもしれません。次章の機械学習の実践でPythonを使用したのは、scikit-learnだけでいろいろなアプローチができるというシンプルさを重視したからです。

Pythonはプログラミング言語としての汎用性が高いので、機械学習を組み込んだシステムなどの開発などではRと比較しPythonが選択される可能性が高いと思います。ほかのスクリプト言語の経験者にとって、Rはかなり勝手が違うようで戸惑う方も多いようです。また、Pythonのシンプルさや近年のライブラリの充実で、ほかの汎用的な言語と比較してもPythonは優位に立っているようです。したがっ

第4章　RとPython

て、開発の役割を担う見込みがある方にはPythonは必須になるでしょう。機械学習の選択肢はscikit-learnやディープラーニングだけで十分という方もPythonがよいかもしれません。

4.10　時代は連携の方向で動いている

　RとPythonのとりあえずどちらかを選択しても、機械学習の勉強や仕事に続けるにはもう一方が必要になる可能性があります。Rは初期分析には非常に良いのですが、ある程度繰り返し多目的に使用するコードを作る必要が生まれた場合は、よりオブジェクト指向の強い言語のほうが向いています。ですから、ディープラーニングのライブラリとしてはPythonで開発されるものが多いのです。一方で、Pythonの統計ツールやグラフィックの選択肢の少なさは、大きな制約になることがあります。また、RStudioによるデータ分析や作業、開発の効率性の高さも捨てがたいものがあります。

　そうすると、どちらか一方でなく両方を使い分ける、あるいは連携して使うというのはどうなのでしょうか。実は、RとPythonは非常に連携が容易な言語です。とくに最近は連携を容易にするライブラリが増えていて、ほとんど一体化して使うことも可能です。これは、RやPythonの一部の主要な開発者たちが、各言語でベースとなるコードの共通利用や連携を重視しながら開発を進めている成果ともいえます。つまり、時代は連携の方向で動いているのです。こうしたことは、第7章で詳しく説明します。

　いずれにしても、RとPython、さらに必要があればJuliaやJavaなどをうまく連携させながら使いこなせれば、強力なスキルとなり、これからの時代において相当広い領域の分析や開発に対応できるものと思います。

4.11　RとPythonと作業環境のインストール

　簡単にRとPythonの作業環境のインストールについて説明します。まずはRとRStudioについて説明しましょう。さきほど説明したように、R本体やパッケージのダウンロード、資料などRに関するリソースはCRANというWebサイト[注23]から取得できます。ダウンロードする際はこのWebサイトの「Download and Install

---

注23　https://cran.r-project.org/

R」にある指示にしたがってください。Rのマニュアルもこの Web サイトから取得できます。RStudio は RStudio 社のダウンロードサイト[注24]にアクセスし、「Free」ボタンを押してインストールしてください。

　次に R のパッケージのインストールですが、これはそれぞれのパッケージに必要性が出てきてから逐次行えばよいと思います。パッケージをインストールするにはいろいろ方法があるのですが、RStudio から行うのがいちばん簡単です。RStudio の使い方については英語のマニュアルがダウンロード[注25]できますが、ネットで検索すれば日本語の情報もいろいろあるので、そちらを探したほうが早いかもしれません。

　Python を利用するには、おもに Python.org の Web サイトから取得する方法と、Anaconda ディストリビューションを使う方法がありますが、基本的には Anaconda ディストリビューションの使用を推奨します。Anaconda ディストリビューションは Python と R のパッケージ管理および展開を単純化する環境を提供する機能で、Python ユーザには非常によく使われています。Python.org から Python をインストールする場合、必要なソフトを順次自分で追加していかなければなりませんが、Anaconda をインストール[注26]すれば、これから説明するような Python の基本的なライブラリや Jupyter notebook、Spyder などが最初からインストールされているうえに、Python2 系と Python3 系を併用する環境なども比較的簡単に構築できます。さらに、第8章で紹介する Keras などを使う際にも、Anaconda 環境を使ったほうがいろいろ便利です。

　現在広く使われている Python のバージョンには Python2 系と Python3 系がありますが、よほどの理由がない限りは Python3 から使ってみることをお勧めします。なぜなら、Python2 のサポートは 2020 年に終了する予定であるうえ、古いバージョンである Python2 のコードがそのままの形では Python3 で動作しないことが多いからです。これを後方互換性がないといいます。Python3 は 2008 年にはじめてリリースされたものですが、あえて後方互換性を捨ててまで大きな改良を加えたのです。こうした対応はとても Python 的といえるかもしれません。

　Anaconda では、多くのライブラリが最初からインストールされていますが、TensorFlow や Keras などのディープラーニングのライブラリは自分でインストー

注24　https://www.rstudio.com/products/rstudio/download/
注25　https://www.r-studio.com/downloads/Recovery_Manual.pdf
注26　https://www.anaconda.com/distribution/

第4章　RとPython

ルする必要があります。こうした作業の際には、コマンドプロンプトから「conda」
というコマンドを使います[注27]。

注27　conda コマンドについてはこちらの URL を参照してください。
　　　https://www.python.jp/install/anaconda/conda.htm

さあ機械学習の
本質を体験してみよう

第5章　さあ機械学習の本質を体験してみよう

5.1　第1章のグラフをPythonを使い自分で作ってみよう

　本章では、第1章で説明した分析のグラフを読者がPythonとJupyter Notebookを使い自分自身で作ってみます。Rにおける扱いにもできるだけ触れるようにします。PythonやRのダウンロードサイトについては前章で説明しましたが、ここではそれらの初歩的な使い方までは説明しないので、必要であればそれぞれの入門書やネット情報などを参考にしてください。実行に必要なライブラリやJupyter NotebookはAnacondaに標準でインストールされています。

　ちなみに筆者が使用している環境は次のとおりです。

- Python 3.6.4
- NumPy 1.14.4
- scikit-learn 0.19.1
- matplotlib 2.1

　Python2とPython3の互換性以外にも、ライブラリが古いとPythonがうまく動作しないことがしばしばあるのでご注意ください。今回利用する機械学習の関数はscikit-learnのものを使います。scikit-learnのWebサイト[注1]は非常に充実していて、どの関数も同じ形式で説明されているので非常に読みやすいです。

　これからのコードを実践するにあたって、まずJupyter Notebookの使い方に慣れる必要があります。英語ですがまずはマニュアルのWebサイト[注2]を見るのがよいと思います。とくに大事なのはボタンの意味をよく理解することです。Jupyter Notebookを立ち上げるとまず、最初の画面の右上に、「New」というボタンがあります。そこをスクロールして「Python3」を選べば、これから実行するコードが入力できます。

注1　https://scikit-learn.org/stable/
注2　https://jupyter.brynmawr.edu/services/public/dblank/Jupyter%20Notebook%20Users%20
　　　Manual.ipynb

ここではこれ以上 Jupyter Notebook の使い方を説明しませんが、YouTube の入門映像やネット上の日本語記事もたくさんあるので、適当に探して勉強してみてください。

5.2　IRISのデータを取得して中身を分析

さて、では分析に入ります。まず、IRISのデータセットですが、これは最も基本的なデータなので、RでもPythonでも簡単に手に入ります。Rの場合は何もパッケージを呼び出さなくても、irisと入力すればデータセットを呼び出せます。Pythonの場合はscikit-learnのdatasetsのなかにあります。まずIRISのデータをインポートして、その中身を調べてみましょう。

なお、データの型の確認は非常に重要であり、データの型の種類については次章で詳しく説明します。本章で説明するデータの型のことがわからなかったら次章を参考にしながら読み進めてください。では、まずscikit-learn（インポートする際はsklearnという略称）のdatasetsとNumPyをインポートしてみましょう。通常NumPyはas npと略称を使ってインポートします。以降はnpがNumPyを意味します。

```
In [1]:  # データとnumpyのインポート
         from sklearn import datasets
         import numpy as np

         # Irisデータの型と内容を調べてみます
         iris = datasets.load_iris()
         print(type(iris))
         print(iris.keys())

         <class 'sklearn.utils.Bunch'>
         dict_keys(['data', 'target', 'target_names', 'DESCR', 'feature_names'])
```

第5章　さあ機械学習の本質を体験してみよう

　datasetsのなかには、IRIS以外にもいくつかデータセットが入っていますが、load_iris()という関数でIRISデータセットを読み込めます。データの型を調べたいときはtype()という関数を使います。調べてみるとIRISデータはBunch[注3]というクラスで、そのなかにはdata、target、target_names、DESCR、feature_namesの5種類の属性 (attribute) があることがわかります。クラス[注4]はオブジェクトとほぼ同じ意味と考えてください。オブジェクトには、データとコード (関数など) が含まれることがありますが、属性はデータのことで、IRISのデータセット (というオブジェクト) は5種類のデータのみからなっています。五つのデータのうちDESCRはデータに関する説明で、フィッシャーの1936年のデータであることなどが記されています。さらにデータの中身を調べてみます。

```
In [2]:    # 'data' の型やサイズや中身の一部を見てみましょう
           print(type(iris.data))
           print(iris.data.shape)
           print(iris.data[:3])
           print(iris.feature_names)

           <class 'numpy.ndarray'>
           (150, 4)
           [[5.1 3.5 1.4 0.2]
            [4.9 3.  1.4 0.2]
            [4.7 3.2 1.3 0.2]]
           ['sepal length (cm)', 'sepal width (cm)', 'petal length (cm)', 'petal width (cm)']
```

　IRISデータセットの属性dataはnumpy.ndarrayであると表示されました。これは最も基本的で重要なクラスで、n次元配列を扱うためのクラスであることを示します。このクラスに.shapeというパラメータを付けるとすると配列の形状 (サイズ) が示されます。その結果 (150, 4) と表示されているので、4次元ベクトルという1次元配列[注5]が150個あることがわかります。NumPyのarrayはその後に[:n]とすると、最初のn個の要素を抽出してくれるので、印刷されたベクトルは、属性dataの最初の三つの要素です。

　Pythonで機械学習をする際には、NumPyの配列 (numpy.ndarray) の扱いに慣れる必要があります。詳しくはnumpy.arrayのチュートリアル[注6]を参照していただ

注3　キー (keys) によって属性 (attribute) の値にアクセスできる辞書のような構造。
注4　クラスはデータと機能を組み合わせる方法を提供する。新規にクラスを作成することで、新しいオブジェクトの型を作成し、その型を持つ新しいインスタンスが作れる。
注5　配列とは、ベクトルを1次元配列とみなしそれを多次元に一般化したもの。行列は2次元配列とみなせる。
注6　https://docs.scipy.org/doc/numpy/user/quickstart.html

きたいのですが、属性の確認方法などを簡単に説明します。

numpy.ndarrayのおもな属性（attributes）の確認方法は**表5-1**のとおりです。

表5-1　numpy.ndarrayのおもな属性の確認方法

属性	説明
ndarray.ndim	配列の軸の数（次元数）
ndarray.shape	配列の要素数と次元
ndarray.size	配列要素のトータル数
ndarray.dtype	配列要素のデータ型
ndarray.itemsize	配列要素のバイト数

```
In [2]: print(iris.data.ndim)
        print(iris.data.shape)
        print(iris.data.size)
        print(iris.data.dtype)
        print(iris.data.itemsize)

        2
        (150, 4)
        600
        float64
        8
```

要素の抽出（slice）の例です。iris.dataは、4次元の特徴ベクトルを150個持つclassであることを意識しながら確認してください。

```
In [3]: print(iris.data[:3]) # 配列の最初の3つを抽出

        [[5.1 3.5 1.4 0.2]
         [4.9 3.  1.4 0.2]
         [4.7 3.2 1.3 0.2]]
```

```
In [4]: print(iris.data[:3, [2, 3]]) # 配列の最初の3つのベクトルの一部を抽出

        [[1.4 0.2]
         [1.4 0.2]
         [1.3 0.2]]
```

第5章　さあ機械学習の本質を体験してみよう

表5-2　配列の作成や変更のコマンド例（import numpy as np とした後）

コマンド	説明と例
array()	配列の作成。例：np.array([1, 2, 3, 4])
arange()	0から n-1 までを要素とするベクトル。例：np.arange(10)
zeros()	全ての要素がゼロの（多次元）配列を作成。例：np.zeros((10, 2))
random()	0から1の乱数を発生。例：np.random.random(10)
reshape()	配列の形状を変更。例：np.arange(10).reshape(2, 5)

　一方、属性 feature_names の中身は、第1章で説明した IRIS の種類を区別するための四つの特徴であることがわかります。残りの属性についても調べてみましょう。

```
In [3]:  # 'target' の型やサイズや中身の一部を見てみましょう
         print(type(iris.target))
         print(len(iris.target))
         print(iris.target[:3])
         print(iris.target_names)

<class 'numpy.ndarray'>
150
[0 0 0]
['setosa' 'versicolor' 'virginica']
```

　これもやはり配列の形式で、要素数は150個、最初の三つの要素は全て0という一次元ベクトルであり、ターゲットには三つの名前 setosa、versicolor、virginica があることがわかりました。これが IRIS の種類です。ここでは表示しませんが target を全部印刷してみると実際には0、1、2の3種類の値が格納されていて、それぞれ三つの種類に対応していることがわかります。これで Python の IRIS データセットの内容がどうなっているのかがわかりました。

5.3　分類領域のグラフ関数の定義

　さて次に、機械学習で分析した結果の分類領域を描図する関数[注7]を定義しましょう。インプットする項目は学習データ（変数 X）、正解（変数 Y）とする分類器（classifier）などです。描図に使う基本的な関数は Python の matplotlib ライブラリの pyplot という関数で、これを plt という名前でインポートします。pyplot は使い勝手の良い関数で、必要なパラメータは plt.plot()、ply.xlabel() などといった具

注7　この関数は、Raschka（2015）で使われた関数を参考にして作った。

110

5.3 分類領域のグラフ関数の定義

合に順次設定できます。

```
In [4]:  # 描図やカラーに関連するモジュールのインポート
import matplotlib.pyplot as plt
from IPython.display import Image
from matplotlib.colors import ListedColormap
import warnings

def plot_decision_regions(X, Y, classifier, step=0.02):
    # マーカーの形と色の決定
    markers = ('o', '^', 's', 'x', '<')
    colors = ('red', 'lightgreen', 'blue', 'grey', 'cyan')
    cmap = ListedColormap(colors[:len(np.unique(Y))])
    # x軸, y軸の範囲を決定
    x_min, x_max = X[:, 0].min() - 1, X[:, 0].max() + 1
    y_min, y_max = X[:, 1].min() - 1, X[:, 1].max() + 1
    # 塗りつぶし用のメッシュの作成
    xx, yy = np.meshgrid(np.arange(x_min, x_max, step),
                         np.arange(y_min, y_max, step))
    # 分類の実行と整形
    Z = classifier.predict(np.array([xx.ravel(), yy.ravel()]).T)
    Z = Z.reshape(xx.shape)
    # 塗りつぶしの実行と図のサイズの調整
    plt.contourf(xx, yy, Z, alpha=0.4, cmap=cmap)
    plt.xlim(xx.min(), xx.max())
    plt.ylim(yy.min(), yy.max())
    # マーカーの描図
    for idx, cl in enumerate(np.unique(Y)):
        plt.scatter(x=X[Y == cl, 0], y=X[Y == cl, 1], alpha=0.6,
                    c=colors[idx], edgecolor='black', marker=markers[idx])
    # 軸ラベルの表示, レイアウト
    plt.xlabel('petal length ')
    plt.ylabel('petal width ')
    plt.tight_layout()
```

　初心者の方にはやや難しいかもしれませんが、この関数自体は機械学習と直接関係がないので、よくわからないときは何も考えずに使ってください。Pythonではdef文で関数を定義します。領域の色の塗り分けは、メッシュ状の点を描図することで対応しています。NumPyには、メッシュ状の点の集合を作る機能があって、描図段階ではmatplotlibの等高線（contour）を引く関数で実行しています。これは図を塗りつぶす際によく使われるやり方です。メッシュ状の点の間隔はstepというインプット項目で決めており、この関数では0.02で固定しています。

111

第5章 さあ機械学習の本質を体験してみよう

5.4 まずはフィッシャーの直線分類LDAから

さて、次はいよいよ機械学習を実行して、その結果を描図してみましょう。第1章では、IRISデータセットの花弁（petal）の長さと幅のデータを使った分析をしました。したがって学習データを変数X、正解を変数Yとすると、それぞれは次の式で設定できます。

```
In [5]:    # 学習データの設定
           X = iris.data[:, [2, 3]]
           Y = iris.target
```

Pythonのインデックスは0から始まります。したがってiris.dataの各要素ベクトルの3番目と4番目の要素だけ抽出するときはiris.data[:, [2, 3]]とします。

さて、ではこのXとYを使って、分類の学習をさせてみましょう。最初はフィッシャーの線形分離分析（LDA）を試してみましょう。Pythonの機械学習の大部分のモジュールはscikit-learnにあるので、まずそこからモジュールをインポートして必要な設定をします。

```
In [6]:    from sklearn.discriminant_analysis import LinearDiscriminantAnalysis
           lda = LinearDiscriminantAnalysis(solver='svd', shrinkage=None, n_components=None)
```

LinearDiscriminantAnalysisというのが、LDAの関数名です。

LDAのパラメータのうちいくつか主要なものを説明します。

表5-3 scikit-learnのLDA関数の主要なパラメータ

パラメータ	説明
solver	学習の計算時に使用される最適化計算のツールの種類。svd、lsqr、eigen（デフォルトはsvd[注8]）の3種類の選択肢がある。次に説明するshrinkageを適用する場合はlsqrかeigenを選択する必要がある
shrinkage	学習データの数が特徴ベクトルの次元に比べて少ない場合には学習の精度が落ちやすいので、shrinkageはそれを補正する手法。適用する場合にshrinkage='auto'などに設定する
n_components	次元削減を行う場合に、削減する次元数を入力する

注8　svdはsingular value decomposition（特異値分解）の略。

112

ソルバー (solver) とは、学習データをフィットさせるための最適化計算のアルゴリズムです。ここで解説しているような簡単な問題ではほとんど差が出ませんが、複雑で大量のデータの場合は計算速度や精度に差が出る場合があります。そういう問題を解く場合にはいろいろ試してみる必要があります。これは、LDAに限らず、ソルバーを使って学習するアプローチに共通していえることです。

また、LDA では、次元削減[注9] (dimensionality reduction) という特徴量を削減して行う分類も可能です。次元削減については次章で詳しく説明しますが、LDAは分類ではなく次元削減の手段として用いられることもあります。ではモデルの学習 (fitting) をさせて、さきほど設定した描図関数で描図してみましょう。分類器の初期モデルにldaという名前を付けましたがlda.fit(X, Y)とすると、XとYを使って学習し、最終モデルになります。最終モデルから予測を実行する場合は、lda.predict(x)としますが、この部分のコードは描図関数のなかに埋め込まれています。

```
In [7]: lda.fit(X, Y)
print(lda.score(X, Y))
plot_decision_regions(X, Y, classifier=lda)
plt.show()
```

0.96

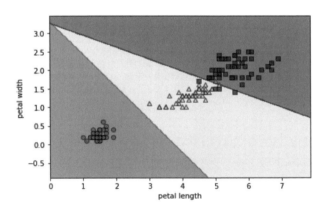

グラフの前にアウトプットされた0.96という数字は、学習データに対する分類のスコアで、96%の分類に成功したという意味です。

注9 LDA は次元削減の有力な手法の一つ。

第5章 さあ機械学習の本質を体験してみよう

5.5 ロジスティック回帰

次はロジスティック回帰です。ロジスティック回帰については第3章で詳しく説明しましたが、回帰学習には過学習をコントロールするための正則化の機能が付されることがあります。scikit-learnのロジスティック回帰の関数「LogisticRegression」にもこの機能が付いています。**表5-4**でこの関数の主要なパラメータを説明しますが、大事なのはペナルティ（penalty）とCです。

表5-4 scikit-learnのロジスティック回帰関数の主要なパラメータ

パラメータ	説明
penalty	第3章で説明した正則化の追加項（ペナルティ関数）の方式の選択。選択可能な方式は、L1（l1）とL2（l2）で、これはそれぞれラッソとリッジである。デフォルトは過学習を防ぐ役割があるL2（リッジ）である
C	正則化係数λの逆数（つまり$C = \frac{1}{\lambda}$）。Cが大きい（＝正則化係数λが小さい）とミスを認めないモデルとなり、学習データにはフィットするが過学習を起こしやすくなる。デフォルト値は1
solver	学習の計算時に使用される最適化計算のツール。詳しい説明は省略するが、小規模なデータに適した手法や大量のデータに適したものなどがある。liblinear[注10]がデフォルト値で小規模データに適しているとされる。scikit-learn0.22からはデフォルトが"lbfgs"に変更される
random_state	solverの種類によって乱数を利用するがその際に関数で利用する（疑似）乱数を設定するパラメータ。数値を入れると、乱数列のようにみえる固定の数列（seed）が使われる。solverをliblinearに設定するとそのアルゴリズムで乱数が使用される
multi_class	多クラス分類問題の際のアルゴリズムの選択。ovr、multinomial、autoの3種類から選択できる。ovrは2クラス間の分類問題を繰り返す方法。multinomialを選択すれば多クラス分類の損失を減らせるが、solverがliblinearの場合は選択できない。デフォルト値はovr。scikit-learn0.22からはデフォルトが"auto"に変更される

このなかでpenaltyとCは第3章で説明した過学習抑制などを目的とした正則化のための追加項に関連するパラメータです[注11]。

$$損失関数＝もともとの損失関数＋\lambda \sum_{j}^{k} |B_j|^p$$

パラメータpが1の場合はラッソ（L1正則化）で2の場合はリッジ（L2正則化）ということも説明したとおりです。デフォルト値はよりポピュラーなリッジ回帰なの

注10 大規模な線形分類をするためのソルバーのライブラリ。
注11 第3章で説明したとおりで、ロジスティック回帰の場合通常はもともとの損失関数＝一尤度関数となる。

でそのまま使用することにします。またパラメータCは、正則化の係数λの逆数で、これが大きいと正則化の影響が小さくなり過学習のリスクが高まります。デフォルトの値は1なので、これもそのまま使ってみます。実際にはCはいろいろ変えて結果の変化を確認することをお勧めしますが、一般的にデフォルトの値には無難な値が設定されています。ではこの条件で学習（フィット）させ描図してみましょう。

```
In [8]: from sklearn.linear_model import LogisticRegression
        lr = LogisticRegression(penalty='l2', C=1.0, random_state=0, solver='liblinear',)
```

```
In [9]: lr.fit(X, Y)
        print(lr.score(X, Y))
        plot_decision_regions(X, Y, classifier=lr)
        plt.show()
```

0.8733333333333333

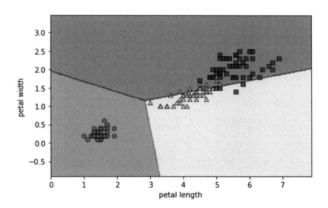

5.6 サポートベクターマシン（SVM）

SVMについては第3章で詳しく説明しました。SVMの利用において重要なパラメータは、カーネルに関連するものと、ソフトマージンに関するものです。

第5章　さあ機械学習の本質を体験してみよう

表5-5　scikit-learnのSVM関数の主要なパラメータ

パラメータ	説明
Kernel	カーネル関数の選択。linear（線形）、poly（多項式）、rbf（RBF、ガウシアン）、sigmoid（シグモイド）などが選択できる。デフォルト値は rbf
C	ソフトマージンへのペナルティに関するパラメータ。C を大きくすると分類間違いに対するペナルティが大きくなり、無理やり合わせに行こうとする。したがって C を大きくしすぎると過学習のリスクが高まる。デフォルト値は 1
gamma（γ）	カーネル関数に rbf、poly、sigmoid を選んだ場合に、その関数のスケールを決める係数。γ が 0 に近ければカーネル関数は定数に近づき、γ が大きくなると関数特有の形状がより強く現れる。γ が大きすぎると複雑な形状が可能になり過学習が起こりやすくなる。デフォルト値は auto。scikit-learn0.22 からはデフォルトが "scale" に変更される
degree	多項式カーネルを使う場合の次数。大きい数字を使うと複雑な境界になる。デフォルト値は 3
shrinkage	LDA のパラメータを参照

　カーネル関数にどれを使うかはたいへんに重大な選択で、これによって結果は大きく違ってきます。本書ではこれまでのSVMはガウシアンカーネルRBFを使った場合の特徴を説明したものです。もしカーネル関数に線形カーネルを選べば、SVMの分離境界は直線的（超平面）になり、線形分離不可能な問題には対応できなくなります。また、多項式カーネルを使うこともあまりありませんが、もし学習データが多項式によってうまく分類（予測）できそうな場合は試してみてもよいかもしれません。ということで、とくに事情がないときはRBFをカーネル関数として選択するのがよいでしょう。

　RBFとその形状については、第2章のヴァプニクの節で説明しましたが、もう一度式を書いてみます。

$$K(x, \acute{x}) = \exp(-\gamma \|x - \acute{x}\|^2)$$

　第2章のRBFのグラフを思い出してほしいのですが、これは正規分布の密度関数と同じ形のグラフで、パラメータgamma（γ）を小さくするとより裾野が狭いグラフになり、より距離が近いサンプル同士以外は K の値が0に近づきます。つまり、γ を小さくすると0でない点の半径が小さくなるのです。半径が小さい曲面はより曲率の曲がり方の自由度が高い形となります。逆に γ を大きくすると曲率が下がるわけです。

　第1章ではSVMの二つの図（図1-14および図1-15）を示しましたが、最初のも

のは $\gamma=0.5$、Cはデフォルトと同じ1にしています。まず、これで学習させて描図してみましょう。

```
In [10]: from sklearn.svm import SVC
         svm = SVC(kernel='rbf', C=1, gamma=0.5, random_state=0)
```

```
In [11]: svm.fit(X, Y)
         print(svm.score(X, Y))
         plot_decision_regions(X, Y, classifier=svm)
         plt.show()
         print(svm.n_support_)
```

0.9666666666666667

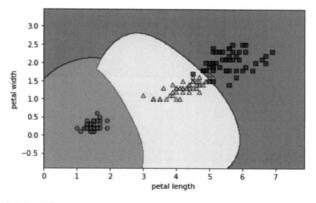

[4 14 16]

これはSVMに限りませんが、学習後のモデルの属性を表示することもできます。例えばsvm.n_support_という関数を使えば、このモデルのそれぞれの分類種類に対するサポートベクトル[注12]の数がアウトプットされます。最後に出力された[4 14 16]はその結果で、3種類のIRISのサポートベクトルの数です。最初の種類であるsetosaは分類境界がはっきりしているので、サポートベクトルの数は少ないのですが、ほかの二つは比較的多くなっています。

今度はgammaの値を10に上げて、曲がり方をより自由にさせて学習してみましょう。

注12 第3章を参照すること。

In [12]:
```
#gammaを大きくし曲がり方の自由度を上げる
svm = SVC(kernel='rbf', C=1, gamma=10, random_state=0)
svm.fit(X, Y)
print(svm.score(X, Y))
plot_decision_regions(X, Y, classifier=svm)
plt.show()
print(svm.n_support_)
```

0.9666666666666667

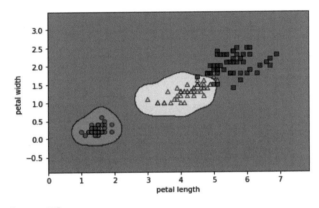

[7 18 30]

　RBFカーネルのSVMのgammaを大きくすると、境界の曲線の形状が複雑になるとともに、サポートベクトルの数も増えたのがわかります。

　次に、第1章では示しませんでしたが、ソフトマージンへのペナルティのパラメータCを変えてみましょう。ペナルティCについて第3章で説明しましたが、これは線形学習の正則化に似た効果があり、Cを小さくすると教師データによりよくフィットする一方で過学習のリスクが増加します。γはさきほど使った10のままにして、Cを0.01に下げて学習させてみます。

In [13]:
```
#ペナルティCを下げて過学習気味に
svm = SVC(kernel='rbf', C=0.01, gamma=10, random_state=0)
svm.fit(X, Y)
print(svm.score(X, Y))
plot_decision_regions(X, Y, classifier=svm)
plt.show()
```
0.94

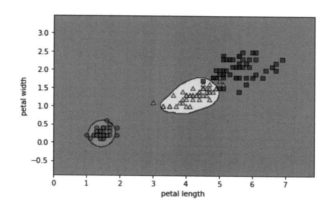

ペナルティCを下げると、境界面が1種類を除いて、かなり学習データの位置に近づいたことがわかります。

5.7　決定木

ツリー構造の分類や回帰の基本は1980年代にブレイマンが考案したCARTです。scikit-learnの決定木の関数はCARTを中心としたアプローチを採用していて、次のような主要なパラメータがあります。

第5章　さあ機械学習の本質を体験してみよう

表5-6　scikit-learnの決定木関数の主要なパラメータ

パラメータ	説明
criterion	ツリーの成長（枝分かれ）の判断基準（質）の選択。gini（ジニ係数）とentropy（エントロピー）の二つが選べる。デフォルト値はgini
max_depth	枝分かれの最大の深さ。枝分かれが深いと学習データにはよくフィットするようになるが過学習のリスクも高まる。デフォルト値はNone
min_samples_split	新たな枝分かれをする際に必要なサンプル数。この数を多くすれば枝分かれの数を抑制できる。デフォルト値は2
random_state	特徴量と学習サンプルをランダムに選ぶ際の乱数選択のパラメータ。数値を入れると、乱数列のようにみえる固定の数列（seed）が発生する。決定木は乱数次第で枝分かれの順番などが変わることもあるので注意

　CARTの特徴は、ツリーの成長（枝分かれ）を続けるかどうかの判断基準にgini（ジニ係数）という指標を導入していることです。ジニ係数は経済学において「不平等さ」を測る指標として用いられるもので、0から1の値をとり、0に近いほど平等であること意味し、これは決定木においては純粋さと解釈されます。ツリーの成長はジニ係数を1から0へ近づけていくようになされます。

　ちなみに、scikit-learnや後で表で説明するRのrpart関数ではジニ係数の代わりにエントロピーを枝分かれの基準とすることもできます[注13]。エントロピーは、第3章のCNNの損失関数にも登場しましたが、物事の不確かさを計る指標として情報理論でよく使われるもので、物事が起こる確率の逆数の対数なので確率が1であれば0になり、0に近いと非常に大きな数値になります。

　図5-1でジニ係数とエントロピーのグラフの形状を示します。どちらも確率（p）が2分の1のところで不均一性が最大になりますが、直線的ではなく、上に凸の形状になるところがミソです。エントロピーのほうがより凸の具合が大きくなっています。

注13　エントロピーを使った決定木は90年代にRoss Quinlanによって導入された。

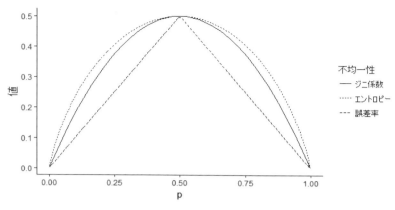

図 5-1　ジニ係数とエントロピーの形状

　第1章のグラフはジニ係数を使っています。枝分かれの基準を決めた後は、max_depthやmin_samples_splitによって、どこまで枝分かれを続けるかを調整できます。枝分かれの数が多すぎると学習データにはよくフィットするようになりますが過学習のリスクも高まります。第1章のIRISの分類では、二つの特徴量しかないので枝分かれの深さは3にしました。

　それから、決定木の学習においては、学習時の乱数の選択(random_state)によって分類境界が大きく変わる場合があるので注意しましょう。これは、乱数によって、枝分かれに利用される特徴量の順番などが変わることがあるからです。この学習ではrandom_stateに0を使いましたが、例えば2を入れると大きく変わるので試してみてください。それでは、決定木の分類図を作ってみましょう。

```
In [14]: from sklearn.tree import DecisionTreeClassifier
         dtree = DecisionTreeClassifier(criterion='gini', max_depth=3, random_state=0)
         dtree.fit(X, Y)
         print(dtree.score(X, Y))
         plot_decision_regions(X, Y, classifier=dtree)
         plt.show()
```

0.9733333333333334

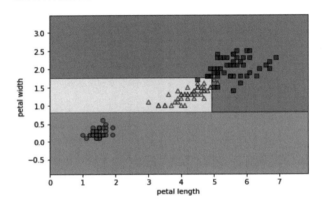

5.8 ランダムフォレスト

次はツリー構造のアンサンブル学習のランダムフォレストです。ランダムフォレストはCART型の決定木をアンサンブルさせたものなので、CARTに関するパラメータの説明は省略します。それ以外については次のような主要なパラメータがあります。

表5-7 scikit-learnのランダムフォレスト関数の主要なパラメータ

パラメータ	説明
n_estimators	アンサンブルさせるツリーの数。デフォルト値は10
max_features	特徴量をランダムに選ぶときの次元数。元の特徴量の数と同じくらいの数値を選んでしまうと、ランダムに抽出する意味が薄れる。逆に数が少なすぎると、決定木の性能が落ちる。デフォルト値はautoでこれは、特徴量数の平方根として計算される
n_jobs	使用するCPUのコアの数。整数を入力するが、－1とすると全てのコアが使用される。デフォルト値はNoneでこれは1を意味する。

5.8 ランダムフォレスト

　ランダムフォレストは重要なパラメータの数が少なく使いやすいのが特徴です。大事なパラメータはツリーの数（n_estimators）、各決定木のmax_depthやmax_featuresです。ツリーの数はあまり少なすぎるとアンサンブルの効果が弱まる一方で、多すぎると計算時間が増加するというデメリットがあります。今回の問題では30に設定しました。max_featuresはツリーの数が十分ある場合はデフォルトの平方根でよいと思います。では、グラフを作ってみましょう。

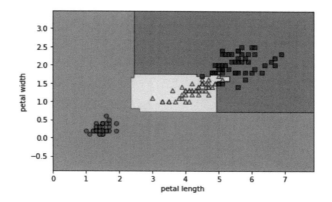

　30個の決定木でアンサンブルさせると、決定木より複雑な境界になるだけでなく、かなりうまく分類されていたことがわかります。最後に追加したforest.feature_importances_は、インプットした各特徴量の重要性（変数重要度）をアウトプットさせる関数です。変数重要度を知れるのがツリー構造のアプローチの大きなメリットであることは、これまでに何度も説明してきました。IRISの花弁の長さと幅という二つの特徴量の比較では、どちらも50前後でほぼ同じ程度の重要性であるという結果になりました。

第5章 さあ機械学習の本質を体験してみよう

5.9 k近傍法（k-nn）

今度は「怠惰学習」のk近傍法です。k近傍法の主要なパラメータは次のとおりです。

表5-8 scikit-learnのk近傍法関数の主要なパラメータ

パラメータ	説明
metric	距離関数の選択でデフォルトはミンコフスキー（Minkowski）距離[注14]。通常はこれで十分
n_neighbors	判定に用いる近傍の数で、k近傍のk
p	使用する距離関数を任意の自然数から次数の選択。Metricとしてミンコフスキー距離を選んだ場合に1はマンハッタン距離、2がユークリッド距離になる。ユークリッド距離は通常の距離。デフォルト値は2
weights	予測の際に近傍の近さなどによって重み付けをする場合に使うパラメータ。デフォルト値はuniformで重みの差はなしの意味。distanceを選ぶと、距離の逆数が乗じられて近いサンプルの重みが増す
algorithm	計算に使用されるアルゴリズム。BallTree（ball_tree）、KD木[注15]（kd_tree）、brute（力任せ）がある。このうちBallTreeというのは、ボール状の球面（超球面）で近傍とする方法。デフォルトはauto

　通常距離の定義にはユークリッド距離を使い、アルゴリズムとしては、ボール状（BallTree）を使うのがこれまでの本書の説明と一致するものです。そうすると、基本的に大事なパラメータは近傍の数k（Pythonではn_neighbors）だけになります。kの数が小さいと学習データにフィットしすぎて過学習のおそれが生まれ、一方でkを大きくしすぎると、過学習は抑えられますが、分類性能が低下します。ここではデフォルト値と同じ$k=5$に設定していて、通常はこの程度が妥当な水準です。その結果を描図してみましょう。

注14 ミンコフスキー距離は例えばn次元の2点AとBの場合、$(\sum_i^n |a_i - b_i|^p)^{\frac{1}{p}}$として定義される。$p$が1の場合はマンハッタン距離、$p$が2の場合はユークリッド距離として知られる。

注15 k次元ユークリッド空間の点を各軸に垂直な空間によって分類する方法。

```
In [16]:  from sklearn.neighbors import KNeighborsClassifier
          knn = KNeighborsClassifier(n_neighbors=5, p=2,
                                     metric='minkowski')
          knn.fit(X, Y)
          plot_decision_regions(X, Y, classifier=knn)
          plt.show()
```

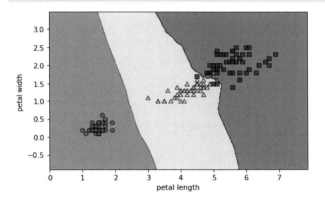

5.10 慣れてきたら、少しずつパラメータを変えてみよう

　これで第1章のIRISの分類問題をひととおり実践しました。機械学習の各アプローチの本質を理解するには、「習うより慣れろ」で、各アプローチを「いじって」その結果がどうなるか観察を繰り返すのがいちばんです。どのようにパラメータをいじればよいのか、操作する例を**表5-9**にまとめましたので、ぜひ実験してみてください。

　実験するにあたって、本書とともにscikit-learnのマニュアル[注16]（英文）をよく読むこともお勧めします。そして、なにか疑問があれば、本章の該当部分やマニュアルに戻って読み返しながら実験を繰り返せば、きっといろいろなことがみえてくると思います。

注16 https://scikit-learn.org/stable/user_guide.html

第5章　さあ機械学習の本質を体験してみよう

表5-9　読者にお勧めするパラメータの変更

アプローチ	お勧めするパラメータの変更
ロジスティック回帰	C の値を変えてみる
SVM	C と gamma（γ）を変えてみる
	その結果、サポートベクトルの数がどう変化するのか観察
	ガウシアンカーネル（RBF）以外のカーネルの選択
決定木	random_state を変えてみる
	枝分かれの深さ（max_depth）を変えてみる
	変数重要度（feature_importances_）を確認してみる
ランダムフォレスト	ツリーの数（n_estimators）を変えてみる
	特徴量の数（max_features）を変えてみる
k 近傍法	k の値を変えてみる
	マンハッタン距離（p = 1）を使ってみる

　これらの実験のなかでもSVMはとくに勉強しがいのあるアプローチです。まず
はSVMのCやgammaの値を変えてみましょう。そうすると、分別境界の形がい
ろいろ変わってとても面白いですし、パラメータの意味が理解できるようになると
思います。それが済んだら、今度はカーネル関数をlinear（線形）に変えてみましょ
う。これを変えてみると線形カーネルと非線形カーネルの違いがよくわかるはずで
す。さらにpoly（多項式）を試しても面白いでしょう。

　ランダムフォレストでは、ツリーの数（n_estimators）を少ない数字から徐々に大
きくすると面白いかもしれません。初めは、あまり深く考えずに、どのパラメータ
をいじるとどのように分類境界が変わるのか試してみてください。また、ツリーの
数と変数重要度の関係もぜひ確認してください。実は単独の決定木でも変数重要度
は計測できますが、この値はかなり乱数の値に左右され不安定です。ツリーの数を
増やしていけばこのような不安定さが解消されるはずです。

　またk近傍法のkの値を変えてみてもよいでしょう。こうした遊び半分の実験を
繰り返しながら、ときどきは理論や歴史を改めて読み直すプロセスを交えることで、
それまで十分消化できなかった本質が徐々に身に付いてくると思います。

5.11　Rを使っても同じような分析ができる

　ここまでPythonのscikit-learnの関数を使ってIRISの分類をしてきましたが、R
を利用した場合に対応する関数の名前だけを紹介しておきます。何度も繰り返し

ますが、Rには多くのパッケージが存在するので、紹介する関数は、そうした選択肢のなかで筆者が良いと思うものを一つずつ記したものです。また前章の表4-2で示したように、Rにはscikit-learnと同様に「mlr」や「Caret」「H2O」というさまざまな機械学習のアプローチや機能を揃えた総合的なパッケージもあります。別々のパッケージの関数を試すのが面倒であれば、全てのアプローチが揃ったパッケージを試してみてもよいかもしれません。

表5-10　Rを使った場合のパッケージと関数

アプローチ	パッケージ	関数名
LDA	MASS	Lda
ロジスティック回帰	標準関数	glm
SVM	e1071	svm
決定木	rpart	rpart
ランダムフォレスト	ranger	ranger
勾配ブースティング	XGBoost	XGBoost
k近傍法	class	knn
k平均法	標準関数	kmeans

　関数を実験する際には、Pythonのときと同様に、マニュアルの必要部分をよく読みながら実施することをお勧めします。個別の関数のパラメータについては、RStudioの（デフォルト配置では）右側、なかほどの「Help」ボタンを押して関数名を入力するか、左下のコンソールで関数名の前に「?」を付けて入力すれば、説明が表示されます。また、Googleなどの検索エンジンでも、例えば「Lda function」などと関数名にfunction（または()）を付けて検索すれば、たいていの場合はネット上からもマニュアルをみつけられます。

　さらに詳しく調べたい場合は、個別のパッケージのマニュアルを読んでください。パッケージのマニュアルはCRAN (The Comprehensive R Archive Network)のWebサイトにあります。Googleなどで例えば「CRAN MASS」などと入力して検索すれば各パッケージのCRANのWebサイトをみつけられます。そのなかの「Reference manual」という欄をクリックすれば、各パッケージのマニュアル（英文）がダウンロードできます。ただし、Rのパッケージのマニュアルはしばしば非常に長いので、当該関数の必要部分や、それに関連する部分だけみつけて読む必要があります。

機械学習を上手に使いこなすコツ

第6章　機械学習を上手に使いこなすコツ

6.1　機械学習を実践するポイント

　前章ではご自身でPythonのコードを動かして、機械学習の面白さを実感しても
らいました。機械学習をまず自分で動かしてみるという最初のステップは通過した
わけですが、次のステップとして、より正しく性能の高いモデルを作るためのポイ
ントを説明していきます。次の表にその主要な項目を並べてみました。

表6-1　機械学習を正しく使い性能を引き出すポイント

分類	項目
データの事前処理	データの型、構造の確認
	欠損値、異常値の除去
	データの正規化
学習時の留意点と過学習防止	データの分割とテスト
	次元削減（特徴量の選別）
	適度な正則化
	その他過学習の抑制策
	適切な学習データ量の把握
より性能を向上させるための工夫	アプローチの選択
	パラメータの選択
	特徴量の加工
	特徴量の選択
その他	時系列データの扱い

　教師ありや教師なしの学習においては、「機械にデータから学習させる」ので、デー
タ自体が機械で適切に処理されるようにいろいろな角度から整備する必要がありま
す。そうした処理を指してデータの事前処理と呼びます。

　データの処理が終わったら、モデルの初期値を設定し学習します。学習において
なによりも大事なのは「過学習をしていないか？」という意識を常に持ち続けること
です。過学習という言葉はこれまで何度も出てきましたが、学習データにフィット
させすぎると、複雑な分類境界になり、学習データ以外への当てはまりが悪くなる
のです。また、過学習したモデルを「性能が良い」と誤認してしまうのは珍しいこと
ではありません。過学習は機械学習の天敵なのです。こうした問題を避けるために
は、まずはデータの分離をきっちり行い、さらには特徴量を選択したり削除したり
する必要があります。

130

いろいろな落とし穴に注意できるようになれば、後はいかに性能の良いモデルを作るかという課題に取り組むことになります。性能が良いモデルを作るには、「どの機械学習のアプローチやパラメータを採用するか」「より性能を引き出せる形に特徴量を加工し、特徴量のセットを選別すること」がポイントになります。これは、過学習の抑制と重なる事項もありますが、単に過学習を抑制するだけでなく、さらに性能の向上を目的としても必要なプロセスなのです。本章では以上のことについて考えていきます。

6.2 データの形式を理解して常に確認しよう

機械にデータを学ばせる機械学習においては、まずはデータ自体の理解がなによりも大事です。機械 (コンピュータ) を使ったデータの扱いでは、データ型 (data type) とデータ構造 (data structure) という二つの重要な形式があります。これは、コンピュータによるデータの処理を効率的に行うために発展した形式です。

RやPythonに限らず、どのプログラミング言語を使うにしても、それぞれの言語で二つの形式をどのように扱っているのかを理解することが不可欠です。なぜならば、データの型や構造が適切でないと、関数がうまく作動しなかったり、期待どおりのリターンを返さなかったりする可能性があるからです。コードが思ったとおりに作動しないときは、原因をみつけて修正しなければなりませんが、しばしばこれに時間がかかり、ストレスが溜まります。正常に動かない原因はたくさんありますが、それがデータの型や構造に起因していることは少なくないのです。

データの型とは、実数や文字といった形式で、RとPythonのおおまかな分類は**表6-2**のとおりです。C言語のように変数の型を変更できない静的言語では、原則的[注1]に型を明示してプログラミングを行う必要があります。一方、RやPythonのような動的言語では変数の型の変更が可能であり、型を明示する必要はなく実行時に関数が型を推定して作動します。そして、もし期待した形のデータでなかった場合は、関数が判断して型変換をしてくれることもあれば、エラーとなって作動を中止してしまうこともあります。

注1　動的言語でも型が自動で類推される場合もある。

第6章　機械学習を上手に使いこなすコツ

表6-2　RとPythonのデータの型

型名	Python	R	補足
整数	int	Integer（numeric）	Pythonにはさらにlong（長整数）がある
実数	float	double（numeric）	
複素数	complex	complex	
文字	str	character	
論理	bool	logical	真、偽のいずれかの値

　一方、データ構造の型には配列、データフレーム、タプルなど、慣れない方には少しわかりにくい概念もあります。**表6-3**はRとPythonのデータ構造の型を一覧にしたものです。Rではほとんど[注2]のデータ構造がパッケージなしで使えますが、Pythonの場合は、必ずNumPyやPandasをインポートして、両者を使い分ける必要があります。

表6-3　RとPythonのおもなデータ構造

データ構造	英語	次元	要素の型の種類	補足
ベクトル	vector	1次元	1数値	1次元の配列。Rではc()、Pythonではnumpy.ndarray
行列	matrix	2次元	1種類	2次元の配列。Rではmatrix()、Pythonではnumpy.ndarray
配列[注3]	array	多次元	1種類	（3次元以上の[注4]）配列。テンソル[注5]は配列の一種。 Rではarray()、Pythonではnumpy.ndarray
シリーズ	Series	1次元	複数可	1次元のデータフレーム。Rではdata.frame、Pythonはpandas.Series
データフレーム	dataframe	2次元	複数可	いろいろなデータ型の混じった行列。Rではdata.frame、Pythonではpandas.DataFrame
パネル	Panel	3次元	複数可	3次元のデータフレーム。Pythonではpandas.Panel
リスト	list	1次元	複数可	要素はベクトル以外に行列など多次元も可。Rはlist、Pythonは{}

注2　Rのtupleとsetはパッケージ「sets」が必要。
注3　1次元のベクトルを多次元に一般化したデータの構造。
注4　Rではベクトル、行列、arrayは3次元以上の配列として区別されるが、pythonではこれらは全てnumpy.ndarrayとして扱われる。
注5　テンソルは古典的には配列と同じ意味を持ち、おおまかには配列のようなイメージを持ってよい。現在では、テンソルは多重線形写像で表現できるなど、一定の数学的条件を満たす配列などとして定義される。
注6　Pythonではタプルが頻繁に使われる。
注7　削除できないことを「immutable」という。
注8　Pythonのtupleは通常()を使うが、()はなくてもよい（カンマ区切り）。

132

タプル[注6]	tuple	1次元	複数可	リストに似ているが、一度定義した後で要素の追加、削除ができない[注7]。Rはtuple()、Pythonは ()[注8]
集合	set	1次元	複数可	リストと似ているが、重複不可、順不同など数学の集合演算が可能な対象。Rはset()、Pythonは {}

　機械学習における学習データの特徴ベクトルは、データ構造のなかで基本的には配列（array）という形式です。配列は、ベクトルを一般化した概念で、1次元の配列はベクトル、2次元の配列は行列と呼ばれることがあります。例えば、IRISデータセットは特徴量が四つの1次元ベクトルで、MNISTなど白黒の画像データは2次元の配列（つまり行列）として与えられ、ImageNetなどカラーの画像は三原色に対応する三つの2次元の配列のデータになります。Pythonではこれらは全て、NumPyのndarrayですが、Rの場合はベクトル、行列、配列（3次元以上）という区別があります。

　また、学習データを作るまでの元データを操作するときや、時系列データを分析するときなどにはデータフレームという形式が重要になります。データフレームは2次元配列（つまり行列）と形は似ていますが、要素の種類が複数である点が違います。つまり、要素に数値や文字の混在を許容するのがデータフレームです。例えば、IRISの種類を数値として保持する場合は配列が使えますが、setosaなどの文字列として、ほかの数値データとともに保持するにはデータフレームを使う必要があります。Pythonでデータフレームを扱うには通常、Pandasのライブラリを使います。

　データの型だけでなく構造の型を適切な形式に維持しないと、RやPythonの関数が正常に作動しないおそれがあります。そのため、それらの関数に入力するために型を何度も変える必要が時としてあります。例えば、データ分析ではデータをデータフレームで扱うことが多いのですが、関数によっては行列やarray形式に変換しないと作動しないようなものもあります。時系列データのハンドリングにはさらにいろいろな注意が必要ですが、これについては後で説明します。

6.3　データの正規化（特徴量のスケーリング）の必要性

　機械学習ではランダムフォレストなど、ツリー構造の処理が必要ないアプローチを例外として、データの正規化（normalization）という処理が原則的に必要になり

第6章 機械学習を上手に使いこなすコツ

ます。データの正規化は特徴量のスケーリング (scaling) ともいい、要するに各特徴量の数値の大きさをだいたい同じような水準になるよう定数倍してスケールを調整することです。

どうしてこのような調整が必要なのでしょうか。例えば、前章で実践したIRISの花弁のサイズを使ったk近傍法による分類を考えてみましょう。この例では元のデータをそのまま入力して、花弁の長さと花弁の幅という2次元の特徴空間における (ユークリッド) 距離を使い、学習データの近傍の多数決によってIRISを三つの種類に判定します。しかし、花弁の長さは1 cm～7 cmほどの範囲でばらついているのに対し、花弁の幅は0 cm～2.5 cm程度の範囲に収まっています。この空間で異なるサンプル同士の距離を測定すると、ばらつきの大きい花弁の長さが分類結果により大きなインパクトを与えることがわかります。つまり、元のデータをそのまま使った場合、スケールの大きい特徴量がより重要な特徴量になってしまうのです。

正規化は、こうした特徴量のスケールの違いによって生じる分類や予測上の重要性のばらつきを抑え、学習を行う前に特徴量の重みに差が生まれるのを避けるために必要になります。IRISの花弁の場合はスケールの差があってもせいぜい2、3倍だったので、顕著な問題とはならなかったのですが、もしこれが、10倍、100倍の単位でスケールが違うと大きな問題なのです。

特徴量のスケールを調整する正規化の手法にはおもに二つの種類があります。一つ目は各特徴量の最小値が0になり最大値が1になるように変換するやり方です。この方法は最大・最小正規化 (min-max normalization) などと呼ばれ、全ての特徴量が0から1の範囲の数値になります。この方法の欠点は、ごく少数のサンプルにだけ、特徴量に外れ値 (ほかの値と全く異なる水準の数値) があるような場合には、外れ値以外のサンプルが狭い範囲に密集してしまい、その特徴量の重要性が低下してしまうことです。

もう一つの正規化の手法は、平均値を0、各特徴量の標準偏差を全て1にする手法です。これは、Zスコア[注9]正規化 (z-score normalization) などと呼ばれます。こちらは、学校のテストで使われる偏差値とほぼ同じ尺度[注10]であり、最大がどこになるかは確定しませんが、各特徴量のばらつき具合 (標準偏差) を統一した尺度で計測できます。現在は、Zスコアを使った正規化がよく使われています[注11]。

注9 統計では平均が0、標準偏差が1になるように変換した値をこう呼ぶ。
注10 偏差値＝Zスコア×10＋50
注11 Rでは scale() という関数、Python では SciPy ライブラリの scipy.stats.zscore() という関数で簡単に正規化できる。

134

表6-4 おもな正規化の手法

正規化の手法	計算方法	特徴
最大・最小正規化（min-max normalization）	最小値 0 最大値 1	全ての変数が0〜1の範囲に収まる。ただし異常値に脆弱
Zスコア正規化（z-score normalization）	平均値 0 標準偏差 1	標準偏差が同じなので、各特徴量のばらつき具合が統一される。ただし、最大値、最小値はデータごとに異なる

図6-1はIRISデータセットの花弁の長さと幅の特徴量をZスコアで正規化したものです。本書の分析は本来この正規化を行ってから実施したほうがよかったのですが、これまでは説明を簡単にするため、元データをそのまま使って分析してきました。Zスコア正規化を施せば、どの軸も0を中心とした同じようなばらつき具合になることを確認してください。

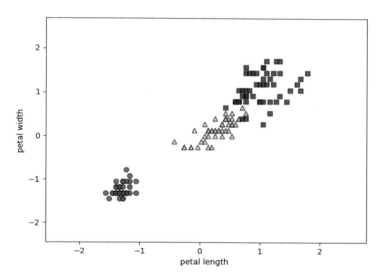

図6-1　Zスコアで正規化したIRISデータセットの花弁（petal）の長さと幅

データの正規化はk近傍法だけでなく、SVM、ニューラルネットワーク、k平均法など多くのアプローチで必要になります。ただし、ランダムフォレストや決定木などツリー構造のアプローチではその必要がありません。なぜならば、ツリー構造のアプローチでは、各特徴量がある値より大きいか小さいかという判断基準で枝が分岐していくので、スケール調整をしても全く影響がないからです。またツリー構

第6章　機械学習を上手に使いこなすコツ

造の場合は、外れ値がある場合でも、それが大きな影響を与えることはありません。ツリー構造のこのような特性は非常に大きなメリットといえます。

6.4　学習データの役割とテストデータの役割

　さて、ここからはしばらく過学習の防止について説明します。過学習しているかどうかを正しく判定するには学習データ (training data) とテストデータ (test data) の役割をはっきり認識することです。学習データはさらに、学習データと検証データ (validation data) に分けられたり、あるいはテストデータのことを検証データと呼ぶこともあります[注12]。本書では検証データという言葉はできるだけ使わないで、テストデータという言葉に統一します。

表6-5　学習データ、検証データの分類

分類	説明
学習データ	データセットからテストデータを除いた部分。学習によってモデルは学習データにフィットするようになる
検証データ	学習データの一部を、モデルのパラメータの確認など検証用に用いる場合があり、そのデータを検証データという。検証データを作らないことも多い
テストデータ	モデルの分類などの能力をテストするためのデータ。学習データと重複があると正しい能力の推定ができない

　学習データとテストデータの分離が大事なのは、これがいい加減だと、実際は過学習しているだけなのに、モデルの性能が良いと誤認してしまうリスクが生まれるからです。これはとくに時系列データの分析に起こりやすいリスクで、性能が良いモデルを作ろうとデータの加工など工夫を重ねれば重ねるほど、学習データとテストデータで情報が重複することがあります。テストデータによくフィットすると喜んでいたら、新しい別のデータでやってみると全然駄目だった、という事態になるのです。

　機械学習の実践において、いろいろ工夫を重ねて学習したモデルの分類エラー率が非常に低い値を示すようになると嬉しいものですが、ぬか喜びは禁物です。とくにあまり簡単とは思えない分類や予測の問題ではなおさらです。喜ぶのは、学習デー

注12　検証データとテストデータの名前はしばしば混同されるため、実質的に同じことを意味する場合もある。実際、学習データ、検証データ、テストデータの3種類を明確に分けて使うことはあまりないので、それ以外の場合は検証データとテストデータはほぼ同じ意味と考えてよいだろう。

タとテストデータがきちんと分離されていることを確認してからにしてください。

> **モデルの精度が高すぎる場合は、学習データとテストデータが きちんと分離されているかどうか、まずは疑ってみよう。**

　では、モデルの性能を正しく計測するために、学習データとテストデータをどのように分離すればよいのか、いくつか典型的な方法があるのでご紹介しましょう。時系列データの場合はさらに別のアプローチが必要なのですが、これについては後ほど説明します。

表6-6　学習データからテストデータを作るおもな方法

手法名	説明
ホールドアウト	データセットの一部（数分の1程度など）を無作為に抽出してテストデータにし、残りを学習データとする方法
k分割交差検証 (KFCV：K-Fold Cross Validation)	まずデータセットからデータをk個にランダムに分割[注13]する。そして、そのk個から順番に1個をテスト（検証）データとして選び、残りを学習データとする。この作業をk回繰り返す。これによってk組の学習データ、テストデータのセットができる。それぞれの結果の平均値をテスト値とする

　ホールドアウトはデータセットの一部（数分の1程度など）をランダムに抽出してそれをテストデータとする方法です。k分割交差検証はk個に分割したデータから、テストデータが重複しないような形で、k組の学習データとテストデータのセットを作って検証（テスト）する方法です（**図6-2**）。したがって、k分割交差検証のほうが緻密な確認にはなりますが、ほぼk倍の計算負荷がかかります。RやPythonではこのようなテストデータ生成の関数が用意されているので、特別な扱いが必要ない問題であればそれらを使ってデータを分類できます。

注13　通常はk個に分割する前にデータをランダムにシャッフルしてからk等分する。

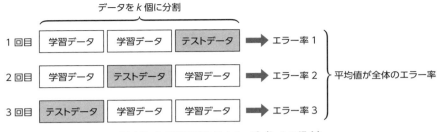

図6-2 k分割交差法のイメージ（k=3の場合）

6.5 特徴量の選別（次元削減）

　過学習の抑制には、特徴量の選別が有効なこともあります。機械学習では、基本的に特徴量が多すぎると性能が落ちます。特徴量が多すぎるとモデルが複雑になり、学習効率や精度の低下をまねくだけでなく、過学習を起こしやすくなるからです。次元増加による学習効率と精度の低下は「次元の呪い[注14]」という有名な言葉で呼ばれることもあります。過学習を起こしやすくなるのは、特徴量の数が多いと、本来目的変数とあまり相関がないような説明変数を使って学習データにフィットさせてしまうおそれがあるからです。

　したがって、機械学習をする際には、分類や回帰に本当に寄与する特徴量を選別する必要があります。特徴量の数を減らして選別することを、次元削減（dimensionality reduction）といいます。ランダムフォレストなどツリー構造のアプローチであれば、重要変数を選択できますが、ほかのモデルの場合はモデル自体で選別することは難しいので、別のアルゴリズムを利用する必要があります。**表6-7**では、次元削減のおもな手法を簡単に説明しています。

注14　この言葉（The curse of dimensionality）は、強化学習において非常に重要なベルマン方程式を考案したリチャード・ベルマン（Richard Bellman, 1920 - 1984）が使ったとされる。

表6-7　特徴量の選別（次元削減）のおもな手法

手法	説明	長所・短所
主成分分析 (PCA[注15])	線形回帰をした場合に特徴量（説明変数）を説明力が強い順に直交成分に分解する方法。多変量分析の古典的手法	最も簡単な手法 線形的な相関しか反映できない 直交成分への分解が馴染まないデータも多い
独立成分分析 (ICA[注16])	主成分分析と似ているが、直交成分への分解でなく単に独立した成分に分解する方法	比較的簡単 相関がある独立成分を持つデータにも対応可能 直線的な関係のみ反映
カーネル主成分	カーネル回帰[注17]をした場合の特徴量の寄与度を算出	非線形の相関関係を反映可能 次元が高すぎる場合は計算が困難
ランダムフォレスト	ランダムフォレストの分析を行い変数重要度の高い特徴量を抽出する	線形、非線形のどちらにも対応 計算負荷がやや高い
t-SNE[注18]	高次元のデータを点の間の類似度が反映されるように低次元に圧縮する手法	高次元データの関係性をうまく捉えられる 次数が高いと計算負荷が重い

　どの手法を使って、どの程度次元を削減すればよいのかは、ケースバイケースです。現在では自動的に次元削減してくれるツールもあるでしょうが、今のところそうしたツールの機能は限定的な場合が多く、あまり良い解決にならないこともあります。もし本当に良いモデルを作ろうとするならば、結局は自身が学習させようとしているデータの性質や、適用するアプローチとの関係を考えながら、適切な次数削減の方法をみつけていくことになります。一定以上難しい学習の性能を上げようとすると、いくら試行錯誤を繰り返してもきりがなくなります。

6.6　適度な正則化の実施

　データの分類や選別ができたら、次は過学習をしないような、モデルのパラメータの設定を考えます。第3章では、過学習を回避するためにリッジやラッソなど正則化（regularization）やそれに相当するようなペナルティ係数が回帰学習やSVMに導入されたことを説明しました。ディープラーニングについてはドロップアウトの説明をしましたが、ほかにも正則化に相当するいくつかの過学習抑制のモデルの設定方法があります。機械学習では、こうした正則化、あるいはそれに相当するよ

注15　Principal Components Analysis の略。
注16　Independent Component Analysis の略。
注17　カーネル関数を使った内積計算を利用した（カーネル法）回帰分析。
注18　t-distributed Stochastic Neighbor Embedding（t 分布型確率的近傍埋め込み）の略。t 分布は統計でよく使われる確率分布で、平均、分散ともに未知の分布の平均の推定などに使われる。

うな手法を使って過学習を抑制します。

ただし現実には、正則化などの設定をどの程度にすればよいかはなかなか難しい問題です。当初は保守的にやや強めの正則化を設定しても、その結果があまり満足できず、学習データの精度をもう少し上げようとついつい正則化を弱めすぎてしまう、といったことはよくあるのです。

図6-3は前章で作った、SVMで曲線の自由度を上げペナルティCを小さくした場合のIRISの分類問題の境界です。

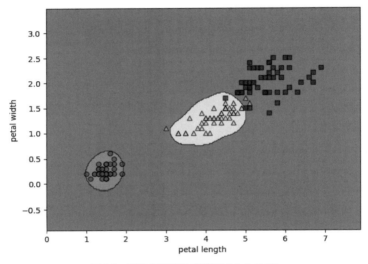

図6-3　IRIS分類問題で過学習をしたSVM

この分類問題の場合は分類境界をグラフ化しながら学習しているので、やりすぎていることに視覚的に気付けますが、もっと特徴量の数が多い、つまり特徴ベクトルが高次元のデータの場合は、このように境界面を視覚化することは難しいのです。その場合、どこが適当な水準なのか簡単にはわかりません。

SVMの生みの親であるヴァプニクは、一般に学習データに対するエラー（学習エラー）とテストデータに対するエラー（テスト・エラー）の関係は**図6-4**のようになることを明らかにしました。

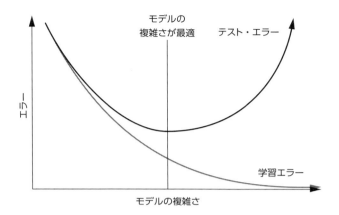

図 6-4　学習エラーとテスト・エラーの関係

　学習データの精度を上げようとするほど、モデルは複雑になり過学習を起こします。モデルの複雑さが増加すると、どこかの時点で、それまでは下がり続けていたテスト・エラーが上昇に転じてしまうのです。こうした過学習のしやすさの関係を数値として表現したのが、ヴァプニクのVC次元です。VC次元が高い問題は複雑で過学習のリスクが高いと判断されるのです。

　モデルの複雑さは、例えばSVMのパラメータCを増加させることなどを意味しますが、どこまで複雑にするのが適切なのかは、実際に学習データに対するエラー率とテストデータに対するエラー率の変化をよく確認しながら試行錯誤を続け、どこでテストデータのエラー率が反転するのか見極める必要があります。こうした試行錯誤をパラメータチューニングなどといいます。RやPythonの機械学習の関数には、自動で最適なパラメータ設定をしてくれる機能を備えたものもありますが、よく確認せず作動させるとたいへんな時間がかかってしまう[注19]こともあります。パラメータの設定を自身で行うか、機械に任せるか、どちらにしても自身で勘所を押さえる必要があります。

　ニューラルネットの場合は、ドロップアウト率の引き上げ、ネットワーク層の数や各層の枚数などのサイズの縮小、フィルタのサイズやスライドの変更などが過学習抑制の手段となります。こちらでは、その全てを段階的に試すと、たいへん時間がかかるかもしれません。

注19　最適なパラメータを探そうと何度も学習し直すので、やり直しの数が多すぎないように設定してから作動させる必要がある。

6.7 適切な学習データ量と少ない場合の対応

さて、モデルと特徴量を選択し、過学習対策もできたとして、次にどのくらいの量のデータが必要かという問題があります。結論から先にいうと、学習データは少なすぎると性能が落ち、逆に多すぎるとむだになる可能性があります。

では、どうすれば、適切な学習データの数を推定できるのでしょうか。簡単な学習については、学習の進捗具合をモニターするやり方があります。Pythonのscikit-learnにはlearning_curveという関数が用意されていて、学習に使ったデータ数とモデルの精度（学習データに対するスコアと交差検証スコア）を返してくれます。図6-5はdigitというMNISTより小さいサイズの手書きの数字の画像のデータセットについてSVMを使って学習させた学習カーブです[20]。

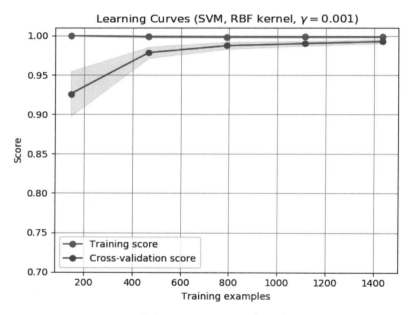

図6-5　SVMのラーニングカーブ

このデータセットのデータ数は、約1,800ありますが、ある程度の数（この場合は800程度）以上の数の学習データを使っても交差検証のスコア（正解率）がほとん

注20　このコードは次のWebサイトで取得できる。
https://scikit-learn.org/stable/auto_examples/model_selection/plot_learning_curve.html

ど改善しなくなるのがわかります。つまり学習データの量はその水準でほぼ十分だということです。この場合は、学習データの数が多すぎるというほどではありませんが、もし仮にこの何倍も学習データがあったとしても、それを全部使って学習させる必要はないことを意味します。

したがって、もし大量の学習データがある場合、最初は一部のデータだけを使って学習させ、徐々にデータの量を増やしていき、交差検証スコアの改善がみられなくなったところで止める方法があります。ただし、こうした作業をあまり小刻みに繰り返すと膨大な時間が必要になる可能性があるので、注意が必要です。

適切なデータ量の把握は、ディープラーニングなどではもう少し面倒な作業になります。というのはディープラーニングなどでは同じデータセットを何度も繰り返し学習させるからです。つまり、データの量と繰り返し回数の二つのファクターを変える影響を把握する必要があります。

一方で、データの量が少なすぎる場合はどうしたらよいのでしょうか。とくにディープラーニングでは一般に大量の学習データが必要なので、データが少なすぎるという問題がしばしば起こります。場合によってはデータを水増しして増やす方法が有効なこともあります。データの水増しは英語ではData Augmentationといいます。Data Augmentationの手法は、画像データなら、元の画像をいろいろな角度に傾けたり、反転させたりすることなどです。

6.8 ちょっと待て、特徴量はそれでよいのか?

機械学習では機械が自分自身で学習しますが、だからといって、何も考えずに機械にどんどんデータをインプットすればよいというものではありません。何も考えずにインプットすると意味のない、あるいは間違った情報を機械に与えることになってしまう可能性があります。特徴量に意味を持たせ、さらにはより性能の良いモデルにするためには、特徴量を機械が読み取りやすいよう入力したり、内在する情報を顕在化させるよう加工したりする必要があるのです。

例えば、**図6-6**はあるときの日経平均株価とドル円の為替レートですが、この両者の関係を機械に学習させようと思った場合、読者であればどのような形でインプットするでしょうか。

第6章　機械学習を上手に使いこなすコツ

```
               Nikkei  USDJPY
2018-11-22  21646.55  113.01
2018-11-23  21646.55  112.83
2018-11-26  21812.00  113.58
2018-11-27  21952.40  113.84
2018-11-28  22177.02  113.96
2018-11-29  22262.60  113.42
2018-11-30  22351.06  113.54
2018-12-03  22574.76  113.51
2018-12-04  22036.05  113.14
2018-12-05  21893.71  113.07
```

図6-6　日経株価とドル円の時系列データ

　何も考えずに学習させようとすると、株価と為替のデータをそのままの値でインプットしてしまうかもしれません。しかし、その場合、機械は例えば日経平均の21,893円という値（12月5日）と113.07円という為替レートの間になんらかの関連性をみつけようとするかもしれません。ここに、意味を見出すことは可能でしょうか。

　図6-7は、同じデータそのままではなく、対数変動率（対数をとった値の差分×100）を示したものです。こちらを学習させると、機械は日経平均が−0.648（%）だけ動いたという情報と為替レートが−0.62（%）動いたという数値の関連性をみつけます。

```
               Nikkei  USDJPY
2018-11-22       NA      NA
2018-11-23    0.000  -0.159
2018-11-26    0.761   0.663
2018-11-27    0.642   0.229
2018-11-28    1.018   0.105
2018-11-29    0.385  -0.475
2018-11-30    0.397   0.106
2018-12-03    0.996  -0.026
2018-12-04   -2.415  -0.326
2018-12-05   -0.648  -0.062
```

図6-7　日経株価とドル円の対数変動率

　実は、株価や為替レートの絶対水準自体は、それらの動きを分類したり予測したりする際にはあまり意味のない数値です。なぜならば、絶対水準はそのときたまたまその値だっただけで、時間が経てばすぐに違う水準に移ってしまうからです。したがって、そのままの形で機械に学習させても有益な結果は得られないでしょう。

　ところが、同じデータでも変動率などに加工したものをインプットするならば、

6.9 アプローチの選択時に考慮すべきこと

話は全く違ってきます。変動率は、一時的なものではなく、何度も似たような局面が現れる可能性のある、パターンの一つになり得るからです。パターンの一つであれば、機械がほかの指標の動きなどとなんらかの関係をみつけ出すことは可能なのです。

　機械に読み取りやすい入力が有効なのは、画像認識についても同様です。例えば、SVMは画像の扱いは得意でMNISTデータの分類で優秀なパフォーマンスをみせたことは説明したとおりです。しかし、だからといっていろいろな画像をそのままSVMにインプットして学習させても、貧弱なパフォーマンスしか示さないことがよくあります。対象物だけでなく、背景にさまざまな物体が写っているような画像や、回転した状態の画像をインプットした場合などです。こうした場合、別のアルゴリズムなどによって画像の特徴量を加工してインプットすると大幅に識別能力が向上することがあります。このように、機械学習のアプローチがうまく機能するようにデータを加工することを特徴量エンジニアリング（feature engineering）といいます。実際、ディープラーニングが突如注目を集めるようになるまで、画像認識の分野などではSVMの性能を向上させるための特徴量エンジニアリングが盛んでした。

6.9　アプローチの選択時に考慮すべきこと

　次はどのような状況でどういうアプローチを選択するべきかという問題について説明します。これまで、機械学習の性能について、学習データやテストデータに対するエラー率を使って比較してきました。エラー率での評価は非常に大事ですが、それぞれのアプローチには、一つの数字だけでは表せないクセがあります。**図6-8**、**図6-9**は前章で示したRBFカーネルを使ったSVMの分類領域と、同じ手法で一つだけ異常値（△印のデータの一つの花弁の長さと幅をともに0に設定）を混入させた場合の境界です。

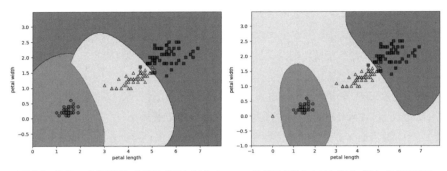

図6-8 IRISの分類問題におけるSVM（左）と、一つ異常値を混入させた場合（右）の分類境界

　たった一つの異常値の混入で識別領域には大きな変化がありました。実際、SVMはこのような異常値の混入には頑強でないことが知られています。図6-9は、ランダムフォレストを使った異常値の混入前と混入後の分離境界です。

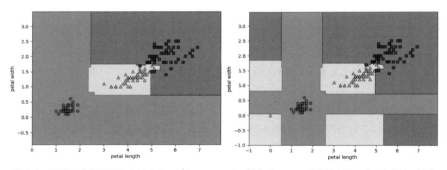

図6-9 IRISの分類問題におけるランダムフォレスト（左）と、一つ異常値を混入させた場合（右）

　こちらも、識別領域が変化しましたが、SVMの場合ほど劇的な変化ではなさそうです。このような比較図を紹介したのは、SVMとランダムフォレストは、どちらも学習データの分類自体は非常にうまくいっていますが、識別領域はかなり違うだけでなく、例えば異常値を混入させた場合の分類境界の変化もアプローチによって大きな変化があるからです。グラフでは示しませんが、線形回帰モデルやk近傍法では、IRISのデータの一つに異常値があっても結果はほとんど変わりありません。

　SVMは非常に分類・予測の性能が高いことはこれまで繰り返し説明してきました。しかし、一方で過学習や曲線の自由度などのパラメータの設定によって分類境界が大きく変化するだけでなく、さらに異常値が存在すると大きな影響を受けると

いう特徴があります。一方で、ランダムフォレストやk近傍法は、過学習のリスクは少ないうえに、異常値の混入には比較的頑強なのです。このように、どのアプローチを選ぶか、そしてどのようなパラメータを設定するかによって、単に識別率を比較するだけではわからない大きな違いがあるのです。

　機械学習のアプローチの選択にあたっては、まだまだいろいろな角度で考慮すべきことがあります。例えば次のような項目です。

- 問題とアプローチの相性
- 分類・予測の性能
- 問題に異常値や欠損値が混じっているか
- 特徴量の数値の大きさのばらつき
- 分類・予測の結果に対する説明が必要か否か
- モデルのチューニングの手間や難易度
- 計算時間や必要なハード・ソフトの資源

6.10　各アプローチの特徴を整理する

　このように考慮すべき点がいろいろあるので、機械学習では、各アプローチの特徴と違いを整理して理解することが非常に重要になります。とはいえ、各アプローチの長所や短所がどのような場合に発揮されるのかは、学習させるデータの種類や量によって大きく変わるので、なかなか簡単に言い切ることは難しいのが実情です。とくに予測能力は、その問題との相性やアプローチの使い方によって大きく変わってきます。こうした事情があるので、あくまで一つの参考に過ぎないのですが、機械学習ではよく知られた優れたテキスト[注21]の一つの評価を次に掲載します。

注21 "The Elements of Statistical Learning" Hastie,T., et al. (2009), 参考文献 [5]

第6章　機械学習を上手に使いこなすコツ

表6-8　機械学習の主要なアプローチの特徴（○：good　△：fair　▼：poor）

	ニューラルネット	SVM	ツリー構造	k近傍法カーネル法
混合タイプ[注22]のデータを自然に扱えるか	▼	▼	○	▼
欠損データのハンドリング	▼	▼	○	○
インプットデータの異常値に対する頑健性	▼	▼	○	○
インプットの単調変換へのインセンティブ[注23]（正規化などの必要性）	▼	▼	○	▼
計算スケーラビリティ（大きな学習データ数）	▼	▼	○	▼
不適切なインプットへの対応力	▼	▼	○	▼
線形結合された特徴量の抽出能力	○	○	▼	△
解釈可能性（interpretability）	▼	▼	△	▼
予測能力	○	○	▼	○

　この特徴で目を引くのはツリー構造のアプローチの特殊性です。**表6-8**の最初の六つの項目は、学習データ（インプットデータ）の乱雑さ、不備、不揃い、異常値の存在、数の多さなどに対するアプローチの頑強さを示すものですが、ツリー構造だけはこうした要素全てに対して良好（good）という評価を得ています。つまり、ツリー構造では、学習データにいろいろ問題がある状態をほとんど気にせずに学習させられるわけです[注24]。その反面、ツリー構造の予測能力は貧弱（poor）とされています。これはテキスト作成者の見解ですが、筆者はツリー構造の予測能力については少し異議があります。勾配ブースティングやランダムフォレストなどアンサンブル学習は、相性が良い問題についてはなかなか優秀な分類・予測性能を発揮するからです。

　一方、ニューラルネットやSVMは、予測能力が高く、線形結合された特徴量を抽出する能力があると評価される一方で、学習データの正規化の必要性や異常値や欠損値に対する脆弱性の除外など、さまざまな弱点に対して対応が必要なことがわかります。つまり、性能は良いけれど、取り扱いにはいろいろ注意がいるということです。

　今度は、別の視点も取り入れてアプローチ別に利点と欠点を筆者の視点から書いてみます。さきほどの表と重複する部分もあるので、そこはご容赦ください。

注22　数値と文字などの混合。
注23　この項目は、ツリー系のアプローチが、特徴量のスケーリング（正規化）などの単調変換（monotone transformation）によって不変であること、つまりそうした処理が必要ないことを説明している。
注24　ただし勾配ブースティングでは予測能力が高まる一方、過学習のリスクは増えるためやや扱いに注意の必要なモデルになる。

6.10 各アプローチの特徴を整理する

表6-9 機械学習の主要なアプローチの長所と短所

アプローチ	長所	短所
CNN	画像や自然言語分析などに高性能 対象の位置のずれや回転に頑強 ツールが充実[注25] モデルの逐次更新[注26]が可能 複雑な学習を事前加工なしで行える	計算負荷大 複雑で取り扱いが難しい[注27] チューニングが難しい 大量のデータが必要 ブラックボックス
ランダムフォレスト	過学習しにくい データを正規化する必要がない 混合データに対応 設定パラメータが少ない 少ない学習データに対応 変数重要度を把握できる 多値分類が得意	画像認識はあまり得意でない（局所的認識は別として）
勾配ブースティング	ランダムフォレストとほぼ同様 分類能力は向上 過学習のリスクは少し高まる	ランダムフォレストとほぼ同様 扱いはやや難しい
SVM	画像や広範囲な対象に高性能を発揮 2値分類が得意 少量データにも対応	ブラックボックス 大量データには不向き 多クラス分類では注意が必要[注28] 特徴量エンジニアリングの必要性が高い
k近傍法	学習の必要がない 設定パラメータが少ない 直感的にわかりやすい手法である	実行時の計算負荷が重い

　いずれにしても、ランダムフォレスト、勾配ブースティングやk近傍法は多くの場合に安心して使えるのに対し、SVMやCNNを使う場合は適性があるデータかどうかを見極める必要があります。ただし、難しい画像認識の問題などでは、CNNなどディープラーニングはSVMなどに比べて大きなメリットがあります。前述したように例えばSVMを使った画像認識では精度を上げようとすると、さまざまな特徴量エンジニアリングを行う必要があったのですが、ディープラーニングではそうした加工の必要がなく多層のネットワークのなかで自動的に処理されます。ディープラーニングの技術は今後さらに向上し、長所はさらに多くなり、短所が少しずつ克服される可能性があります。

注25　第8章で説明するKerasなどを使えば、一般的なライブラリのみによって、個人でゼロから作るのは困難な、複雑で高性能なネットワークを簡単に利用できる。
注26　新しい学習データを入手するたびにモデルを更新する。
注27　ただし、近年は第8章で説明するKerasのように取り扱いが容易なライブラリも出現している。
注28　サポートベクトルによって分類するSVMは、多対多の関係にはならず、必ず1対多の分類の組合せとなる。

第6章　機械学習を上手に使いこなすコツ

6.11　アプローチのメカニズムとパラメータの役割を理解しよう

　前章でも説明しましたが、機械学習の各アプローチを理解するには、実際にさまざまな変更を加えて、結果がどのように変化をしたのかを観測することが、非常に有効でたいへん勉強になるはずです。変更を加えるのはパラメータの値だけでなく、学習データについても、例えば異常値を少し混入してみたり、正解のラベルの一部を間違った値に設定してみたりするのもいいかもしれません。

　こうした変更を加えるのは、少し問題として易しすぎるきらいはありますが、IRISのデータは手ごろです。データのサイズが非常に小さいのでどんな変更を加えてもあっという間に学習できますし、本書のこれまでの説明に使ったように四つの特徴量のなかから二つだけ使って分類すれば、2次元の図で結果を視覚化できるからです。特徴ベクトルの次数が4次元より大きい場合は結果の視覚化が困難なのです。読者も本書のコードをベースに、IRISの分類問題にさまざまな変更を加えて試行錯誤してみてください。

　予測（回帰）の問題として手ごろなのが、Boston Housing データセットという、アメリカのボストン市の住宅価格とその価格に関する14の説明変数のデータです。これは1978年に作られたデータですが、回帰問題のテスト用に非常によく使われるデータセットで、RやPythonを使えば簡単に入手可能[注29]です。ディープラーニングについては、第8章で説明する Keras にはさまざまなデータが用意されていて、手軽にいろいろなデータを試してみることができます。

　このようなデータを活用してパラメータ値や学習データを変えるとどうなるかが理解できるようになってきたら、これまで本書で説明してきた機械学習の重要なアプローチの成り立ちや本質を思い返してみましょう。本書では重要なアプローチについて歴史的な背景を含めて、その本質を説明してきましたが、これは読者自身の試行錯誤がなぜそのような結果になったのかを理解する助けになるはずです。

6.12　時系列データの扱いの注意点

　これまで、データの形式や学習データとテストデータの分離などを説明してきましたが、時系列データを扱う場合はこうした点について特段の注意が必要です。こ

注29　Rの場合は「MASS」というパッケージをインストールすれば「Boston」として load できる。Python では IRIS と同じ sklearn.datasets に含まれる。

こでは、どんなことに注意が必要なのかを簡単に説明しておきます。

　時系列データの分析に取り組むには、まずは日付と時間のデータの扱いに慣れる必要があります。Rではxtsやlubridateという時系列データを扱うのに非常に便利なパッケージがあります。Pythonではライブラリ Pandasを使って時系列データを扱えます。時系列データを扱う場合はこうしたライブラリの使い方にまず慣れる必要があります。日付と時間の扱いには厄介なことがいろいろあります。基本的にどのように表示するのか、例えば「秒単位なのか」「日付だけなのか」という選択をしてうまくコントロールする必要があります。さらには、同じ時間といってもそこには「日本時間」「グリニッジ標準時間（GMT）」「ニューヨーク時間」などさまざまな時間帯があり、そのなかで日本時間を中心に使いたいと考えても、実際の時間に関連するさまざまな関数の多くはGMTを中心に作られています。したがって、日本時間で取り扱っているつもりでも、データ分析過程で発生する処理によって、勝手にGMT時間に戻ってしまうことが少なくないのです。ここでは、具体的な対応策までは説明しませんが、日付と時間のデータの扱いには本当に神経を使う必要があります。

　時系列データでもう一つ注意が必要なのは、学習データ、テスト（または検証）データの分離です。時系列データ以外の分析では、検証データやテストデータをランダムに抽出することが多いのですが時系列データの場合はそうはいきません。時系列データ分析にはほかの分析とは違って時間軸という要素が入ってきて、時間軸を無視したランダムな抽出はあり得ないのです。時間軸は期間（period）と言い換えてもよく、学習データやテストデータの作成は、もともと個々のデータでなく時間の期間を考慮しながら取り扱う必要があります。

　そして、学習データと検証・テストデータは、最終的に使用する特徴量だけでなく、その特徴量算出の元のデータも含めて期間が重複しないように抽出する必要があります。このような抽出をアウト・オブ・サンプル（out-of-sample）といいます。特徴量算出の元となるデータも重ならないようにするには、意識して注意することが必要で、もしこれに失敗して重なりがあると、モデルの性能を過大に評価してしまうおそれがあります。

　また、これとは別の問題として、分析の対象自体が時間の経過とともに確率的あるいは構造的に変化している可能性があります。実は、経済、市場、人口など多く人間の行動が関与する時系列データの元となる構造のほとんどが、時間の経過とともに変化しています。このようなデータの場合、さらに取り扱いに注意が必要にな

るだけでなく、予測自体が難しくなります。

　こうしたデータに対しては、単にアウト・オブ・サンプルにするだけでは十分ではなく、さらにウォーク・フォワード・テスト（walk forward testing）と呼ばれるデータの分離方法を使いテストを実施する必要があります。ウォーク・フォワードとは、**図6-10**のように、テスト（検証）データのインターバルが、学習データの直後にくるようにしながら、全体のインターバルが時間軸の先のほうに進んでいくように、順次学習するやり方です。

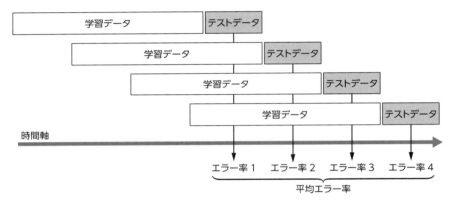

図6-10　時系列データのウォーク・フォワード・テスト

　つまり、テストデータは学習データより未来の時点にあり、「未来のことは何も知らない」のを前提に、モデル性能のテストを繰り返すわけです。

RとPythonの連携

第7章　RとPythonの連携

7.1　RとPythonのいいとこ取りをすれば最強

　第4章では、RとPythonの概要と違いを説明しました。最近の機械学習の本は Pythonの使用を前提にしたものが多いので、Rについては、少し時代遅れになりつつあると考えていた読者もいるのではないでしょうか。しかしながら、実はRの機能は、Tidyverseのパッケージ群やその他のRStudio社のツールやライブラリなど、よりモダンなアプローチによって急速に進化を遂げています。Rは圧倒的な多様性がある統計用の機能にさまざまな新しい機能が融合した、かけがえのない魅力を持った言語なのです。

　このようにRとPythonはそれぞれが別の特徴を持つ非常に魅力的な言語なので、どちらか一方という発想でなく、RとPythonのいいとこ取りをすれば、単独の言語の何倍も強力なツールになり得ます。実際に、RとPythonはそれぞれ単独ではデータの分析や、データ分析を使ったシステム構築の現場で機能が不足するケースもあります。しかし、二つの言語を組み合わせるとたいていの問題は解決し、最良に近い方法での実践が可能になります。そして、RとPythonの連携はきわめて簡単なのです。

　両者の補完関係をもう少し具体的な例で説明しましょう。

　例えば、データ分析を実践する際、本書でこれまで紹介してきたような機械学習のアプローチにインプットする前に、ノイズ除去や異常値検知などのさまざまな事前処置が必要になる場合があります。そんなときにはRの豊富なパッケージを探せば、どんな処理でもたいていはなんとかなります。

　また、アウトプットのグラフィックを工夫したい場合も同様で、描図のパターンが本当に充実していて、たいていの場合は簡単で便利なので、Rは手放せません。これについては後でいくつかの実例で紹介します。さらには、データ分析を RStudioで行うと生産性が非常に高く、これに勝るものはなかなかない気がします。

　一方で、大規模なシステムやオブジェクト化された装置を作るにはPythonのほうが向いています。実はRだけでもかなりの規模のシステムは構築可能なのですが、Pythonを使ったほうがすっきり作れるのです。例えば次章で紹介するアルファゼロのレプリカのような大規模で複雑な機能を作るには、ほかのどの言語より Pythonが向いているといえるでしょう。

　本章ではRとPythonをどのように連携させるのか、具体的な連携のためのライブラリを使って説明します。

154

7.2 実はRとPythonの一体化はかなり進んでいる（reticulateの活用）

実はRとPythonの一体化はすでにかなり進んでいます。RからPython、あるいはPythonからRを使うライブラリは以前から充実していたのですが、2017年に公開されたreticulateというRのライブラリの登場によってRとPythonの連携はさらに別次元に進歩しました。reticulateの登場以前には、RからPythonを動かすには、例えばPythonInRというパッケージがあり、これを使えばかなり簡単にPythonを実行できました。筆者もPythonInRにはだいぶお世話になりました。しかし、reticulateはさらに便利なのです。

reticulateはRStudioを作ったエンジニアによるパッケージなのですが、これを使えば、RStudio上でPythonを全くストレスなく使えます。例えば、RStudio上の簡単なコマンド1行で、Rのインタプリタ（コマンドプロンプトを表示）からPythonのインタプリタに切り替わり、後は普通にPythonを使うようにコマンドを実行できます。再びRに戻りたい場合は「exit」とタイプすればよいのです。もちろんデータやオブジェクトの受け渡しも簡単にできます。

これは筆者のようなRStudioのファンにとってたいへんにありがたいことで、データ分析や機械学習の多くの作業をRStudio上で完結させられます。後で説明しますが、RとPythonや、そのほか主要な言語との一体化や部品の共通化は、優秀なメンテナーの願いでもあるのです。さて、reticulateのおもな機能は**表7-1**のとおりです。

表7-1　reticulateのおもな機能

機能	関数
利用するPythonのバージョン指定	use_python("/usr/local/bin/python")
PythonオブジェクトをRに呼び出す	import("object")
PythonオブジェクトをRオブジェクトに変換	py$object
RオブジェクトをPythonオブジェクトに変換	r.object
PythonのREPL（インタプリタ）へのアクセス	repel_python()、exit
Rの関数をPythonに渡す	r_to_py(func()) py_func(func())
Pythonの関数をRに渡す	py_to_r()
Pythonスクリプトの実行	py_run_file("script.py")

第7章 RとPythonの連携

表7-2 reticulateのおもなデータ構造の対応

R	Python
複数要素の Vector	List
複数要素の List	Tuple
Matrix/Array	np.ndarray
Data Frame	Pandas DataFrame

　機械学習の有名なデータセットの一つであるBoston Housing（ボストン住宅価格）データセットを使って、具体的な使い方を示しましょう。reticulateはほかのパッケージと同様にRstudioなどからインストールできます。Rでreticulateを読み込んで、PythonのPandasライブラリとsklearn.datasetsのBoston Housingデータセットを呼び出してみます。PythonのオブジェクトをRに呼び出すにはimport()関数を使います。その際に、convert = TRUEというパラメータを付けると、PythonからインポートしたデータがRの対応するデータ構造に変換されます。ちなみに、Boston Housingデータセットは回帰分析の実験用の定番データです。

R

```
> library(reticulate)
> # Python のオブジェクトを R に読み込み使う
> pd <- import("pandas")
> datasets <- import("sklearn.datasets", convert = TRUE)
> Boston <- datasets$load_boston()
> df <- pd$DataFrame(Boston$data, columns = Boston$feature_names)
> head(df)
```

　最後のhead()というRの関数は、データの先頭部分を表示する関数で、この場合は次のアウトプットが得られます。CRIM（犯罪率）など列の名前は、Boston Housingデータの住宅価格に関連する可能性があるさまざまな属性の値です。

```
> head(df)
     CRIM ZN INDUS CHAS   NOX    RM  AGE    DIS RAD TAX PTRATIO      B LSTAT
1 0.00632 18  2.31    0 0.538 6.575 65.2 4.0900   1 296    15.3 396.90  4.98
2 0.02731  0  7.07    0 0.469 6.421 78.9 4.9671   2 242    17.8 396.90  9.14
3 0.02729  0  7.07    0 0.469 7.185 61.1 4.9671   2 242    17.8 392.83  4.03
4 0.03237  0  2.18    0 0.458 6.998 45.8 6.0622   3 222    18.7 394.63  2.94
5 0.06905  0  2.18    0 0.458 7.147 54.2 6.0622   3 222    18.7 396.90  5.33
6 0.02985  0  2.18    0 0.458 6.430 58.7 6.0622   3 222    18.7 394.12  5.21
```

reticulateではRで定義した関数を簡単にPythonの関数に変更できます。Rで関数を定義し、それをpy_func()のなかに入れれば、関数がラップされPythonの関数になります。試しに次のような簡単な関数を作ってみます。この関数は、xとyを入力しx＋yを返す関数で、yには初期値3が与えられています。

R

```
> func <- py_func(function(x, y = 3) {
>   return(x + y)
> })
```

では、Pythonに移動しましょう。repl_python()と入力すると、>>>というPythonのインタプリタ(REPL)が現れます。ここからは、Pythonのコードをそのまま入力でき、とても便利です。

R

```
> # Python の REPL へ
> repl_python()
Python 3.6.8 (C:\Users\yutak\ANACON~1\python.exe)
Reticulate 1.10 REPL -- A Python interpreter in R.
```

Python

```
>>> r.func(1)
4.0
>>> r.func(1, 1)
2
```

さきほどRで定義した関数はr.()としてオブジェクトをPython側に渡せば、Pythonの関数として実行できます。r.func(1)は1＋3、r.func(1,1)は1＋1の計算のはずですが、ちゃんと4と2を返してくれていることがわかりました。

次に、Python側でNumPyを使って要素が全て0の行列を作り、Pythonからexitしましょう。NumPyで0や1の値の行列を作るのはとても便利で、例えばnp.zeros((3,4))と入力すると3行、4列で要素が全て0の行列を返してくれます。

第7章　RとPythonの連携

Python

```
>>> import numpy as np
>>> mtx = np.zeros((3, 4))
>>>
>>> # Rに復帰
>>> exit
```

　exitと入力するとPython側からR側のREPLに戻ります。さきほどNumPyで作った行列をRで表示してみましょう。Pythonのオブジェクトはpy$の後にオブジェクト名を付ければRに渡すことができます（ちなみに、本当はゼロ値の行列はRでも簡単に作れます）。

```
> py$mtx
     [,1] [,2] [,3] [,4]
[1,]    0    0    0    0
[2,]    0    0    0    0
[3,]    0    0    0    0
```

　以上のように、reticulateを使えば本当に簡単にRとPythonを連携させられます。

7.3　Rのggplot2による美しく柔軟な描図

　連携の話からは脱線しますが、ついでなのでさきほどのBoston HousingデータセットをRで分析して、その結果を非常に柔軟で魅力的なRのグラフィック向けパッケージであるggplot2を使って描図してみます。

　gglpot2の描図関数ggplot()は非常にフレキシブルで「+」を使って重ね合わせる図やさまざまな設定を加えられます。ggplot2を使うとき、グラフのタイプは「geom_○○」という形で設定されます。geomとは幾何学（図形）オブジェクト（geometric objects）の略です。ggplot2の幾何学図形オブジェクトには非常にたくさんの種類があり、単に描図するだけでなく統計分析も同時に行ってくれるものも多くあります。ほんの一例を**表7-3**で紹介します。

158

表7-3　ggplot2の幾何学的（図形）オブジェクト（geom）の例

幾何学図形オブジェクト	説明
geom_point()	点でプロット
geom_line()	線でプロット
geom_bar()	棒グラフ
geom_jitter()	大量の点などの場合、点を適当にずらして重ならないようにプロット
geom_polygon()	多角形型に描く
geom_contour()	等高線のプロット
geom_density()	カーネル密度推定を行い結果の分布の密度をプロット
geom_density2d()	2次元のカーネル密度推定の結果をプロット
geom_quantile()	分位点（quantile）を算出してプロット
geom_raster()	ラスター表現（ビットマップ画像のようなもの）としてプロット
geom_smooth()	回帰曲線や信頼区間を算出してプロット
geom_violin()	カーネル密度推定を行い、密度を左右対象（バイオリン型）にプロット

　話をBoston Housingデータセットに戻して、`ggplot()`関数で実際に描図してみましょう。tidyverseというライブラリはggplot2などのTidyverseの主要なパッケージをセットにしたものです。これを呼び出して次のコードを実行します。

R

```
> library(tidyverse)
> df2 <- cbind(df, "PRICE" = Boston$target)
> df2 %>%
+     gather(keys, attribute, -PRICE) %>%   # 縦型へ変換
+     ggplot(aes(attribute, PRICE, color = keys, fill = keys)) +
+     geom_smooth(method = "lm", se = TRUE) +
+     geom_point(size = 0.5) +
+     facet_wrap(~keys, scales = "free_x") +
+     theme(legend.position = "none")
```

　`geom_point()`はデータを点としてプロットする関数で、`geom_smooth()`は回帰分析を行ってその結果の直線などを引くことができます。Rの素晴らしいところは、このような統計分析と描図が簡単に、そしてしばしば同時にできるところです。またコード中の「`%>%`」という記号はパイプ[注1]（演算子）といいますが、パイプを使って

注1　パイプ演算子には演算子の左側の値を右側の関数の第1引数として渡す意味がある。例えば、次の2行の演算は同結果になる。
　　`"a"%>% print()`
　　`print("a")`

データの処理を進めていくところがTidyverseの特徴です。

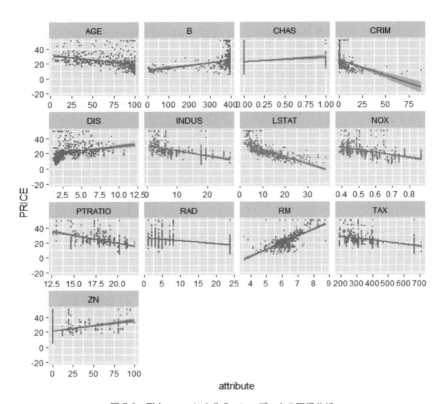

図 7-1　Tidyverse による Boston データの回帰分析

　Boston Housingデータセットは、住宅価格とAGE（築年数）、B（黒人比率）、CHAS（チャールズ川周辺か否か）、CRIM（犯罪率）など13の属性からなるデータです。**図7-1**では、住宅価格と各属性の関係をプロットして、さらに回帰直線を加えています。これを見れば、どの属性が住宅価格にどのような相関性を持っているのか一目瞭然です。

7.4　RによるIRISデータの事前準備

　さて、今度はreticulateを使ってRでPythonのscikit-learnの関数を使ってみます。IRISのデータのk平均法による分類を試します。k平均法を使う前に、まずは

Rを用いたデータの事前準備をします。この部分はJupyter Notebookを使って表示します。Jupyter NotebookでPythonだけでなくRやJulia も利用できることは前にも触れましたが、簡単な設定は必要です[注2]。

では、分析を始めましょう。RではIRISデータは iris と入力するだけで取得できます。またデータの先頭部分は head() という関数によって簡単に表示できます。RのIRISのデータはデータ本体やラベルの配列 (nd.array) に分かれるPythonのデータと違って、データの属性と種類 (Species) が一つのデータフレームを構成していて、種類は番号でなく名前で与えられています。

In [1]: `head(iris)`

Sepal.Length	Sepal.Width	Petal.Length	Petal.Width	Species
5.1	3.5	1.4	0.2	setosa
4.9	3.0	1.4	0.2	setosa
4.7	3.2	1.3	0.2	setosa
4.6	3.1	1.5	0.2	setosa
5.0	3.6	1.4	0.2	setosa
5.4	3.9	1.7	0.4	setosa

前章でデータの事前準備の一つとして正規化 (標準化) が必要であることを説明しました。そこで今回はIRISのデータを scale() という関数でzスコア正規化します。そして、summary() という関数で、それぞれの属性の最大、最小、平均、中心値などが簡単に出力されます。最後に確認のため、最初の属性の標準偏差を sd() 関数で出力しています。いろいろな統計分析が簡単なコードで実行できるのがRの便利なところです。

注2　すでに使用しているRを Jupyter Notebook で使用したい場合は、Rに IRkernel というパッケージをインストールして、カーネルを設定する必要がある。次の URL を参照すること。
https://github.com/IRkernel/IRkernel/blob/master/README.md

第7章 RとPythonの連携

```
In [2]:    # RのIRISデータ
           iris_nml <- iris
           iris_nml[, 1:4] <- scale(iris[, 1:4])   # zスコア正規化
           summary(iris_nml[, 1:4])
           sd(iris_nml[, 1])

           Sepal.Length         Sepal.Width          Petal.Length         Petal.Width
     Min.    :-1.86378    Min.    :-2.4258    Min.    :-1.5623    Min.    :-1.4422
     1st Qu.:-0.89767    1st Qu.:-0.5904    1st Qu.:-1.2225    1st Qu.:-1.1799
     Median :-0.05233    Median :-0.1315    Median : 0.3354    Median : 0.1321
     Mean    : 0.00000    Mean    : 0.0000    Mean    : 0.0000    Mean    : 0.0000
     3rd Qu.: 0.67225    3rd Qu.: 0.5567    3rd Qu.: 0.7602    3rd Qu.: 0.7880
     Max.    : 2.48370    Max.    : 3.0805    Max.    : 1.7799    Max.    : 1.7064

   1
```

　文字列と数値が混合するデータフレームから、数値だけの行列に変換するには、
data.matrix()関数を使います。これを使って学習データのラベルを作ります。正
規化したIRISのデータとラベルの先頭を表示してみます。

```
In [3]:    head(iris_nml, n = 3)
           train <- iris_nml[, c(3, 4)]
           label <- data.matrix(iris_nml)[, 5]   # 文字列から数値に
           head(label, n = 3)
```

Sepal.Length	Sepal.Width	Petal.Length	Petal.Width	Species
-0.8976739	1.0156020	-1.335752	-1.311052	setosa
-1.1392005	-0.1315388	-1.335752	-1.311052	setosa
-1.3807271	0.3273175	-1.392399	-1.311052	setosa

　　1　1　1

　Rによる事前分析のついでに、ggplot2を使って花弁の長さの分布の密度関数を
表示してみます（**図7-2**）。ここで使うのはgeom_density()という関数で、カーネル
密度推定 (density estimation) を行ってプロットしてくれます。カーネル密度推定
は、データの密度関数を特定の分布関数を想定せず、標本から推定するノンパラメ
トリック推定の代表的な手法の一つです。利用されるカーネル関数はいろいろあり
ますが、この場合は最も一般的なガウシアンカーネル (RBF) を使って[注3]密度を推定
しています。

注3　カーネル関数のデフォルト値はガウシアン。ほかに「rectangular（長方形型）」「biweight」「epanechnikov」
　　　などが選択できる。

162

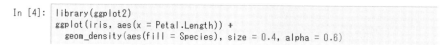

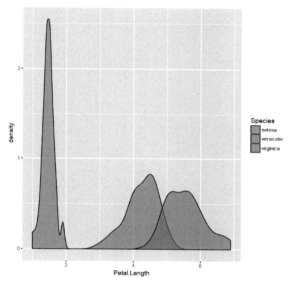

図7-2 IRISの花弁の長さのカーネル密度推定

　ggplot2には、同じ分析を別のタイプのグラフにする関数も用意されています。例えば、推定した密度を左右対象のバイオリンのような形にプロットするgeom_violin()という関数です。この関数の描図はなかなかユニークで楽しいので、お見せしましょう。ついでに、25%、50%、75%の分位点も（draw_quantilesというパラメータの設定によって）表示してみます（**図7-3**）。

```
In [5]:  ggplot(iris, aes(x = Species, y = Petal.Length, color = Species)) +
           geom_violin(draw_quantiles = c(0.25, 0.5, 0.75)) +
           theme(legend.position = "none")
```

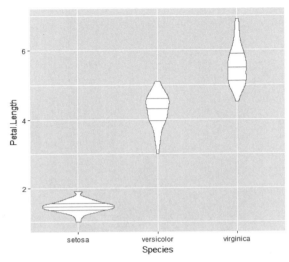

図 7-3　IRIS の花弁の長さのカーネル密度推定（バイオリン型の表示）

7.5　RStudio で scikit-learn の k 平均法を使う

　さて、本題に戻り、reticulate を使って RStudio で scikit-learn の k 平均法を使ってみましょう。R には k 平均法の関数が kmeans() として用意されているので、本来は scikit-learn を使う必要は全くないのですが、ここでは連携の仕方の一例としてお見せします。

　repl_python() と入力すると、>>> という Python のインタプリタ（REPL）が現れます。ここからは、Python のコードをそのまま入力できるので、別の目的用に Python で書いたコードもコピーすれば使えます。すごく便利ですよね。まず Python を使うのと同じ要領で NumPy と k 平均法の関数を呼び出してみましょう。

> 7.5 RStudioでscikit-learnのk平均法を使う

R
```
> # Python の REPL へ
> repl_python()
Python 3.6.4 (C:\Users\name\ANACON~1\python.exe)
Reticulate 1.10 REPL -- A Python interpreter in R.
```

Python
```
>>> import numpy as np
>>> from sklearn.cluster import KMeans
```

　次にさきほどRで作った学習データをPythonに渡すには「r.train」のように「r.」を付けるだけです。そうすると、ベクトルや行列など基本的なデータ構造は自動でPython側の対応する構造に変換してくれます。

Python
```
>>> # 学習データを Python に渡す
>>> X, Y = r.train, r.label
>>> type(X)
<class 'pandas.core.frame.DataFrame'>
```

　次にPythonのscikit-learnのk平均法の関数を使ってクラスタリングを実行します。k平均法では、基本的にいくつのクラスタを作るかが非常に重要で、これはn_clustersというパラメータで設定します。k平均法で注意する必要があるのは初期値によって結果が変わる可能性があることです。ここでは、実行するたびに結果が変わらないようにrandom_stateを固定して同じ乱数列を使うことにします。またk平均法では、各クラスタの中心点 (center) が重要なアウトプット項目になるので、クラスタのラベルとcenterを変数に渡します。

Python
```
>>> # k 平均法で分類
>>> kmeans = KMeans(n_clusters=3, random_state=0).fit(X)
>>> cluster = kmeans.labels_
>>> centers = kmeans.cluster_centers_
```

165

第7章　RとPythonの連携

PythonインタプリタからRインタプリタに復帰するには、「exit」と入力するだけです。

Python

```
>>> # Rに復帰
>>> exit
```

Rに戻って分類した結果を再びggplot2を使って描図してみます。Python側で計算した結果をRに渡す場合は「py$」の後に変数を付けます。ggplot2でデータを描図するときには、データフレーム構造にするのが必須なのでas.data.frame()関数で変換します。

R

```
> # 学習データに分類結果を追加
> df <- iris_nml
> df$cluster <- factor(py$cluster)
> centers <- as.data.frame(py$centers)
```

k平均法のアルゴリズムは各クラスタの中心点を割り出すことが重要です。中心点が決まれば、各サンプルがどの中心点に近いかによってどのクラスタに属するか振り分けられます。ここでは、ggplot2の機能を使ってどこが中心点かわかりやすく描いてみます（**図7-4**）。

R

```
> library(ggplot2)
> ggplot(data = df, aes(x = Petal.Length, y = Petal.Width)) +
+   geom_point(aes(pch = cluster, color = cluster)) +
+   geom_point(data = centers, aes(x = V1, y = V2, color = "center")) +
+   geom_point(data = centers, aes(x = V1, y = V2, color = "center"), size =
60, alpha = 0.3) +    theme(legend.position = "none")
```

このコードではggplot()という関数がIRISのデータをプロットし、geom_point()を使って中心点を表示しています。位置をわかりやすくするために小さな濃い点と大きく薄い円の2種類の図を重ねて表現しています。alphaというパラメータが色

の透明度をコントロールしています。

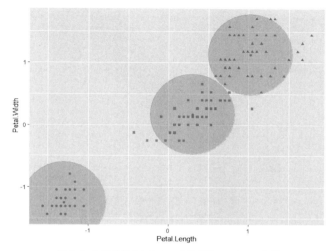

図7-4　k平均法のセンターの位置をggplotで表示

もう少しだけRの統計とグラフィック機能をお見せしましょう。**図7-5**は、gglpot2で2次元[注4]のカーネル密度推定をして描いたものです。コードのなかのstat_density2d()が2次元のカーネル密度推定でサンプルの密度を推定し描図する関数です。この関数で、aes(fill=iris$Species, alpha = ..level..)と設定しているので、IRISの種類ごとに色を使い分け、さらにlevel（等高線）によって色の濃さが使い分けられています。

```
> ggplot(iris, aes(x = Petal.Length, y = Petal.Width)) +
+    stat_density2d(geom = "polygon", aes(fill = iris$Species, alpha = ..level..)) +
+    geom_point(aes(pch = Species, colour = Species), size = 2) +
+    theme_bw() +
+    theme(legend.position = "none")
```

注4　2次元、あるいは2変量の確率密度。この例では、花弁の長さと幅という二つの変量を持つ確率密度。

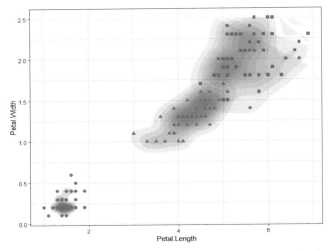

図7-5 ggplotによるIRISの花弁の長さと幅の2次元のカーネル密度の表示

　Rの機能の説明が長くなったので、本題に戻りまとめます。reticulateを使えばたった1行のコマンドで、RStudioのなかで、Pythonのインタプリタに出入りでき、Pythonのコードはそのままの形で入力できます。また、RとPythonのデータは、たいていの構造であれば自動で変換してくれます。

7.6　PythonからRを使う

　今度は、反対の方向、つまりPythonからRを使う説明をします。PythonからRを使う場合も、便利なライブラリがいくつかあります。なかでもよく知られたものがPypeRとRpy2です。この二つのライブラリの簡単な比較を**表7-4**に記しました。

表7-4　PythonからRを使う際によく使われるパッケージ

ライブラリ	特徴
PypeR	簡単にRのコードがPythonで実行できる メモリの使用量が少なく大規模データでも対応可 Windowsでもとくに問題なく動く
Rpy2	NumPyの配列など、Pythonの基本的オブジェクトの一部をそのままRに取り込んでいて、R上でNumPyやPandasが自然に扱える Windowsでの利用にはやや難がある

　PypeRは使い方が非常にシンプルです。一方Rpy2を使えば、NumPyや

7.6　PythonからRを使う

Pandasをあたかも R の関数であるかのように使えるので、そういう点で評価する人も多いようです。ただし Rpy2 は Windows 環境で利用するにはあまり優しくない面があるうえに、使い方自体は PypeR よりもやや複雑になるので、ここでは PypeR を使った連携を紹介します。

　PypeR はコマンドプロンプトで「pip install pyper」というコマンドを実行しインストールします[注5]。PypeR の使い方は簡単で、r=pyper.R() という方法で R のインスタンスを作成すれば[注6]、後は r("Rのコマンド") とすれば Python から R を実行できます。また、R と Python のオブジェクトはそれぞれのオブジェクトを**表7-5**のような形で受け渡せます。

　このようにしてオブジェクトを変換すれば、reticulate の場合と同じように主要なデータはそれぞれの言語の対応する構造に自動的に変換してくれます。例えば、Python の np.ndarray はその次数によって R のベクトルや行列へ、また Pandas のデータフレームは R のデータフレームへ、という具合です。

表7-5　PypeRのおもな機能

機能	関数
R のコマンドの実行	r("R command")
Python オブジェクトを R オブジェクトに変換	r.assign("rdata",pydata)
R オブジェクトを Python オブジェクトに変換	r.get("object")
Python スクリプトの実行	r("source(file='name.R')")

　R から Python を使う reticulate に比べると、R のコードそのものをコピーするだけでは駄目で、1 行ごとに r("") を付ける必要があるのはやや手間です。ただし、上記の四つの機能を覚えておけば十分なので、きわめてシンプルに Pyton から R を使えます。

注5　pip は（Anaconda を使わない通常の）Python のパッケージ管理システムで、Anaconda にも pip があらかじめインストールされている。Anaconda を使う場合は通常は「conda install パッケージ名」としてインストールするが、Anaconda の Web サイトから入手できるパッケージは限られており、取得できない場合は pip を使う。pyper の場合は後者である。conda と pip の使い方、使い分けは Python を利用する際の基本である。
注6　r という略名以外でも構わない。

169

第7章　RとPythonの連携

⓹ 7.7　PythonからRのxgboost()関数で勾配ブースティングを試してみる

　では実際にPypeRを使ってみましょう。ここでは、Pythonから勾配ブースティングの定番であるRのxgboost()関数でIRISを分類してみます。xgboost()関数はXGboostというパッケージの関数で、このパッケージは第2章で紹介したデータ分析の世界的なコンペの一つであるKaggleで、非常によく使われているそうです。実はこの関数はPython版も作られているのですが、いろいろな理由で実際に使われるのはR版が多いようです。

　まず、例によってIRISデータやNumPyを呼び出し、SciPyライブラリのzscore()という関数を使って、IRISデータを正規化します。

```
In [1]:  from sklearn import datasets
         import numpy as np
         import pandas as pd
         import scipy

         iris = datasets.load_iris()
         # 正規化した学習データを作成
         X, Y = scipy.stats.zscore(iris.data[:, [2, 3]]), iris.target
```

　次に、rのインスタンスを作ります。基本的にはr=pyper.R()とすればよいのですが、Jupyter Notebook上でこれを実行するとAnacondaのRが使われてしまいます。普段使っているRを使いたい場合は次のような要領で、ご自身が使っているディレクトリを指定してください。

```
In [2]:  # PypeR
         import pyper
         r = pyper.R(RCMD="C:¥¥Program Files¥¥R¥¥R-3.4.2¥¥bin¥¥x64¥¥R", use_numpy="True")
```

　RのXGboostのライブラリを呼び出し、さきほどPython側で作った学習データをRに渡します。

7.7　PythonからRのxgboost()関数で勾配ブースティングを試してみる

```
In [3]: r("library(xgboost)")
        r.assign("x", X)
        r.assign("y", Y)
```

　学習の実行はr("")のなかにRのコードを入れるだけです。xgboost()関数のパラメータについては後で説明しますが、nroundとは、ブースティングの回数で、ここでは30に設定しました。

```
In [4]: r("bst <- xgboost(data = x, label = y, eta = 0.3, ¥
                          nround = 30, nthread = 4, lambda = 2)")
```

```
Out[4]: 'try({y <- as.integer(c(0,0,0,0,0,0,0,0,0,0,0,0,0,0,0,0,0,0,0,0,0,0,0,0,0,0,0,0,0,0,0,0,0,0,0,0,0,0,
        0,0,0,0,0,0,1,1,1,1,1,1,1,1,1,1,1,1,1,1,1,1,1,1,1,1,1,1,1,1,1,1,1,1,1,1,1,1,1,1,1,1,1,1,1,1,1,1,1,1,
        2,2,2,2,2,2,2,2,2,2,2,2,2,2,2,2,2,2,2,2,2,2,2,2,2,2,2,2,2,2,2,2,2,2,2,2,2,2,2,2,2,2,2,2,2,2))})¥r¥n> pri
        nt("R command at time: 1550384534.2334628")¥r¥n[1] "R command at time: 1550384534.2334628"¥r¥n> try({bst <- xgbo
        ost(data = x,label = y, eta = 0.3, nround = 30,nthread = 4,lambda=2)})¥r¥n[1]¥ttrain-rmse:0.692691 ¥r¥n[2]¥ttrai
        n-rmse:0.506914 ¥r¥n[3]¥ttrain-rmse:0.373031 ¥r¥n[4]¥ttrain-rmse:0.280363 ¥r¥n[5]¥ttrain-rmse:0.215536 ¥r¥n[6]¥t
        train-rmse:0.174398 ¥r¥n[7]¥ttrain-rmse:0.146172 ¥r¥n[8]¥ttrain-rmse:0.123676 ¥r¥n[9]¥ttrain-rmse:0.108827 ¥r¥n
        [10]¥ttrain-rmse:0.098325 ¥r¥n[11]¥ttrain-rmse:0.090729 ¥r¥n[12]¥ttrain-rmse:0.085157 ¥r¥n[13]¥ttrain-rmse:0.081
        013 ¥r¥n[14]¥ttrain-rmse:0.077612 ¥r¥n[15]¥ttrain-rmse:0.075061 ¥r¥n[16]¥ttrain-rmse:0.073140 ¥r¥n[17]¥ttrain-rm
        se:0.071692 ¥r¥n[18]¥ttrain-rmse:0.070595 ¥r¥n[19]¥ttrain-rmse:0.069764 ¥r¥n[20]¥ttrain-rmse:0.069129 ¥r¥n[21]¥t
        train-rmse:0.068640 ¥r¥n[22]¥ttrain-rmse:0.068258 ¥r¥n[23]¥ttrain-rmse:0.067953 ¥r¥n[24]¥ttrain-rmse:0.067707 ¥r
        ¥n[25]¥ttrain-rmse:0.067509 ¥r¥n[26]¥ttrain-rmse:0.067349 ¥r¥n[27]¥ttrain-rmse:0.067223 ¥r¥n[28]¥ttrain-rmse:0.0
        67120 ¥r¥n[29]¥ttrain-rmse:0.067037 ¥r¥n[30]¥ttrain-rmse:0.066970 ¥r¥n'
```

　学習を実行すると、学習データのラベルの各ブースティングを行った後の損失関数(ここでは平均二乗誤差MSE)が表示されます。
　第3章で説明したように勾配ブースティティングは、ランダムフォレストと違って意図的に学習データにフィットさせようとするために、高い分類性能を得られる反面、過学習の心配が必要になります。そして過学習を抑制するためにさまざまなパラメータの設定が必要になります。**表7-6**に、xgboost()関数の主要なパラメータを説明します。ただし、これはほんの一部で、まだまだたくさんのパラメータがあるので、本格的に利用する場合はマニュアルを参照してください。

第7章　RとPythonの連携

表7-6　勾配ブースティングのxgboost()関数の主要なパラメータ

パラメータ	説明
nround	ブースティングの回数。つまり、追加されるツリーの最大の数。デフォルト値は10
eta	ブースティッドツリーの各ステップで加える新しいツリーの影響度を決める係数。0から1の値。etaが1であれば、最急降下法的に作られたツリーの影響がフルに反映される。etaが大きいと学習データによくフィットするが過学習のリスクが高まる。デフォルト値は0.3
gamma	追加される決定木の生成において新しい枝分かれの判断に使われるパラメータ。0から1の値。枝分かれによる損失率がgammaより大きければ、枝分かれを実行。gammaを大きくすれば過学習のリスクが低下する。デフォルト値は0
lambda	L2正則化の係数のこと。デフォルト値は1
alpha	L1正則化の係数のこと。デフォルト値は0

　xgboost()関数の、勾配ブースティングの過学習抑制の中心はetaとlambda、そして特徴ベクトルが高次の場合はgammaも重要になります。etaは、どれだけ急速に学習データにフィットさせるかをコントロールするパラメータで、通常はやや低めに、保守的に設定します。また、勾配ブースティングのモデルには回帰モデルに加えられる正則化の項が損失関数に加えられることがあり、xgboost()関数ではL1正則化、L2正則化を両方同時に使うことも可能であり、lambdaはL2正則化（リッジ）の係数です。

　さて、勾配ブースティングの説明はこれくらいにして、PypeRを使った連携に話を戻します。Rで学習してbstと名付けたモデルを使って、次のようなやり方でPython上に予測モデルの関数を作ります。途中で、Rの関数とRに変換したデータを使いますが、最後にr.get()としてPythonのオブジェクトに変換した値を返します。

```
In [5]:  def xgbst(X):
             r.assign("x", X)
             r("pred <- predict(bst, x)")
             return r.get("pred")

         # predictという属性を付加
         xgbst.predict = xgbst
```

　さきほど作った関数は、Pythonの関数として扱えるので、第5章で使ったPythonの描図関数[注7]を使った結果が**図7-6**です。

注7　この関数の表示はここでは省略する。

172

```
In [7]:  plot_decision_regions(X, Y, classifier=xgbst)
         plt.show()
```

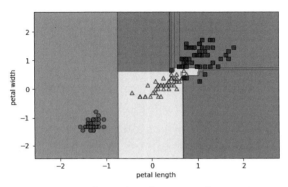

図 7-6　IRISデータの勾配ブースティングによる分類

いかがでしょうか。簡単にRの関数をPythonで使えましたね。また、勾配ブースティングを使えば、学習データによくフィットさせられることもわかりました。

7.8　臨機応変な使い分けがお勧め

以上のように、RからPython、逆にPythonからRのどちらの方向でも簡単に連携できることがわかりました。では実際にどのようなときに連携すればよいのでしょうか？「とくに決まりやパターンはなく、それぞれが使いやすい機能や必要な機能を使えばよい」というのがその問いに関する筆者の個人的な答えです。

実際、例えば筆者の場合、Webからのスクレイピングによる情報取得は、最初にPythonのやり方を学んだので、ずっとそれを使い続けています。ウェブスクレイピング (web scraping) とは、Webサイト上に公開された情報を取得するコンピュータソフトウェアの技術のことで、第1章で紹介したアライグマの画像もスクレイピングによって取得したものです。一方で、市場データの分析に使うノイズ除去や一部の機械学習の機能ではRのパッケージが不可欠です。そうすると、これらの技術の両方が必要な分析では必然的にRとPythonの連携が必要になります。実はスクレイピングはRでもPythonと同じ程度簡単にできるし、機械学習はPythonの機能で間に合うことも多いのです。ただし、慣れているものが使いやすいです。

第7章　RとPythonの連携

そして、こうした連携、あるいは学習の手抜きは、reticulateやPypeRを使えば簡単にできるのです。

　これまで、あまり説明してきませんでしたが、RからPythonのスクリプト（簡易的なプログラム）や、逆にPythonからRのスクリプトを実行するには、reticulateやPypeRの関数を使えば、さきほどの表のなかで説明したように、たった1行の短いコマンドで済みます。例えばRを使っている最中にPythonのスクリプトを使いたくなったら、reticulateで`py_run_file("script_name.py")`と入力[注8]するだけです。

　筆者はクラウド上の仮想エンジンを使って、市場データを定期的に取得して分析するような装置を作る際にPythonとRを連携させています。その際のバッチ処置として、まずPythonを起動して、必要なRのスクリプトはPypeRの`r("source(file='script_name.R')")`によって実行させるようにしています。実は、もともとRから起動させてもあまり問題はないのですが、これも慣れの問題で、バッチで定期的に動かすものは、まずPythonから利用しています。このように、それぞれが使いやすいように柔軟に使い分ければよいのです。

7.9　時代は連携の方向に動いている

　筆者ほどRとPythonをごちゃ混ぜにして使う方は身の周りにはさほどは多くありませんが、もっと大きな視点に立てば、いくつかの有力な言語の連携や、部品の共通化は世界的な趨勢になり始めているかも知れません。

　2018年4月、RのTidyverseのパッケージ群の生みの親であるハドリー・ウィッカムと、Pythonの最も重要な開発者であるウェス・マッキニー（Wes McKinney）はUrsa Labs[注9]という独立的な開発ラボを設立しました。私たちはオープンソースのプログラミング言語であるRやPythonを支えている人々に本当に感謝する必要があります。彼らは高い使命感で仕事しているものの、技術革新が激しい現在において、それを継続するのはなかなか大変なことのようです。Ursa Labsの設立にあたってマッキニーは自身のブログ[注10]で、その設立の目的を説明しています。オープンソフトウェアの「開発」と「メンテナンス」に焦点を当て、それらを支援する環境を整えて、オープンソースがうまく機能するような状態を維持することを目標にして

注8　スクリプトがカレントディレクトリに保存されていない場合は、保存されているディレクトリ名も添える必要がある。Python から R の場合も同様。

注9　https://ursalabs.org

注10　http://wesmckinney.com/blog/announcing-ursalabs/（参照 2019 年 2 月 16 日）

いま　す。

　マッキニーらは、R、Pythonに加えてJava仮想マシン（JVM：Java Virtual Machine）やJuliaなどの言語において、共通のライブラリを持たせれば、データサイエンスにメリットをもたらすだろうと考えているようです。より具体的に想定されているのは、次のような項目です。

- R、Python、Rubyなどホスト言語に、ポータブルなC++のライブラリを共有して結合させる
- ポータブルでマルチスレッドなApache Arrow[注11]ベースの実行エンジンによって、ホスト言語の簡単な処理で作られたデータフレームを効率的に評価する
- Apache Arrowも利用可能で再生可能な演算子（operator）のカーネルによる入出力。これにはPandas型の配列関数やSQLスタイルのリレーショナル演算子（結合や集計など）を含む
- LLVM[注12]を用いた演算子「subgraphs」のコンパイルによる共通演算パターンの最適化
- ユーザが定義した演算子や関数的（functional）カーネルのサポート
- 既存のデータ表現（例えば、Rのデータフレーム、PythonのPandasやNumPy）の包括的な相互運用（interoperability）
- 例えばRとPythonのPandasやNumpyのデータフレームなどの包括的な相互運用
- ホスト言語への新しいフロントエンド・インターフェース（例えばRのdplyrなどの「tidy」なフロントエンドや、PythonのPandasの進化）

　これらの項目は、機械学習などデータサイエンスのためのコンピュータ言語の未来像といってもよいかもしれません。まず、鍵となる言語はRとPythonに加えて、JuliaとJava仮想マシン（JVM）という言語です。Juliaは2012年にできたばかりの新しい言語で、RやPythonと同じようにコンパイラのいらない言語です。Juliaは、非常に簡単に書けるにもかかわらず、C言語にも引けを取らない速度を実現させら

注11　Apache Arrowとはマッキニーらによって開発が進められている大量のデータを複数の言語間で効率的に共有するフレームワークのこと。
注12　LLVM（Low Level Virtual Machine：低水準仮想機械）は任意の静的コンパイルと動的コンパイルの両方をプログラミング言語に対応可能なコンパイラ基盤のこと。

れるので、今非常に注目されている言語の一つです。JVMはJava言語の実行環境
で、さまざまな環境でJavaを実行できます。

　それから、Apache Arrowも覚えておいたほうがよさそうな単語です。Apache
Arrowはマッキニーらによって開発が進められている、大量のデータを複数の言語
間で効率的に共有するフレームワークです。そしてマッキニーらは、ある言語上で
使っているデータを別の言語に共有するような（分析などの）処理ができることを目
指しているようです。

　いかがでしょうか。もし機械学習に本格的に取り組もうとするならば、Rや
Pythonの選択などといっている場合ではありません。JuliaやJavaも加えて、いか
に上手に連携させるかが、これからの時代には求められているのです。

表7-7　本章のまとめ

連携のパターン	お勧めのパッケージ（ライブラリ）
RからPythonを使いたいとき	Rのreticulateパッケージ
PythonからRを使いたいとき	PythonのPypeRライブラリ

Kerasを使った
ディープラーニングの実践

第8章　Kerasを使ったディープラーニングの実践

　第5章では簡単なIRISのデータセットを使って、機械学習の主要なアプローチを
実践しました。本章では、ディープラーニングや強化学習を使ってさらに難しい問
題を実践してみます。ただし、これらは実践する環境などの設定に慣れない場合は
本書や関連する資料を読むだけでよいと思います。

8.1　ディープラーニングのライブラリの進歩

　本章におけるディープラーニングの実践には、Kerasという比較的新しいライブ
ラリを使います。2012年のImageNet画像の識別コンテスト (LVSRC) でディープ
ラーニングが一躍脚光を浴びるようになった前後から、ディープラーニングの実践
を容易にするためのライブラリ (プラットフォーム) がたくさん登場しました。ディー
プラーニングのコードをゼロから作ると大変な作業になりますが、こうしたライブ
ラリを使えば、ディープラーニングを実践するなかで共通して使われる関数などが
用意されていて、開発が非常に楽になるのです。

　こうしたライブラリのなかで、最も早い時期に登場したものの一つがモントリ
オール大学で開発され、2007年に登場したTheanoです。Theanoは当時標準
的だったC++でなく、開発言語とインターフェースにPythonが使われました。
さらにCPUだけでなくおもにゲームの画像処理に使われていたGPU (Graphics
Processing Unit) を活用した点でも先見の明があるものでした。CNNなどのディー
プラーニングの概要は第3章で説明しましたが、ディープラーニングの学習は各層
の行列とフィルタ行列の掛け算が大量に繰り返されます。GPUは複雑なコードの
計算はできないのですが、単純な行列計算は非常に高速に行えるのです。

　2012年にディープラーニングが世界的にブレイクして以降はライブラリが次々
に登場しました。例えば、2013年にカリフォルニア大学バークレー校で開発され
たCaffe、2015年にGoogleで開発されたTensorFlow、日本発のChainer、ワシ
ントン大などによるMXNet、2016年にFacebookで開発されたPyTorchなどが
よく知られています。次の**表8-1**に代表的なライブラリとその概要を記しました。

178

8.1　ディープラーニングのライブラリの進歩

表8-1　ディープラーニングの主要なライブラリ

ライブラリ	概要
Theano	2007年に開発された古株。インターフェースはPython。長い間利用され続けたが2017年に開発の中止が発表された
Caffe Caffe2	2013年に登場した古株のライブラリ。カリフォルニア大学バークレー校が開発。高速だが取り扱いが厄介。インターフェースはPythonやC++
TensorFlow	当初はGoogleによって開発されたライブラリで、2015年に公開された。現在最も広く利用されている。低レベルのインターフェースなので柔軟性はあるが記述がやや難しい。インターフェースはPythonやC++
Chainer	日本のPreferred Networksによって2015年に開発された。直感的にわかりやすい記述ができて、日本にファンが多い。インターフェースはPython
PyTorch	2016年に登場した比較的新しいライブラリで、人気上昇中。FBの技術者が開発した。インストールが楽で記述もわかりやすく、高速に作動する。Windowsでも作動する。インターフェースはPython
Keras	TensorFlowやTheanoなどをバックエンドとして作動するフロントエンドのライブラリ。非常に簡単で直感的にもわかりやすい記述が可能

　KerasはTensorFlowやTheanoなどをバックエンドとしたフロントエンドのソフトウェアなので、ほかのライブラリとはやや役割が異なります。フロントエンドとは、入力や出力など、ユーザと直接やり取りするソフトウェアのことで、その途中の計算処理はバックエンドのソフトウェアが担当します。Kerasを使うとバックエンドのライブラリがより簡単かつ直感的にわかりやすいコードの記述で行えます。実際にはバックエンドとしてTensorFlowがよく使われます。

　こうしたライブラリのなかで、現在ではTensorFlowをバックエンドにしたKerasとPyTorchに勢いがあるようです。実はKerasやPyTorchが登場する以前は、ディープラーニングの実践はなかなかの苦行でした。GPUに関連するいくつかのソフトやディープラーニングのライブラリのセットアップ自体が、環境によっては簡単ではなかったのです。例えばNVIDIA社のGPUを使うためには、GPUのドライバに加えてCUDAおよびcuDNNというソフトをインストールする必要がありますが、これが環境によってはなかなか大変でした。またCaffeなどのライブラリを正常に作動するように設定するのが容易でなかったようです。

　しかしながら、最近ではGPUのセッティングはかなり楽になり、KerasやPyTorchのライブラリも比較的簡単にインストールできるようになりました。こうした事情もあって、Kerasなどはユーザ数を急激に増やしつつあるのです。

8.2 MNISTデータの事前処理

さて、では実際にKerasをRStudioで使ってMNISTの手書きの数字の画像の分類に挑戦してみます。アプローチとしては、画像認識が得意な畳み込みニューラルネットワーク（CNN）を使います。RStudioにKerasをインストールする方法は、RStudioのWebサイト[注1]を参考にしてください。GPUの設定については説明しませんが、KerasはGPUとその環境がセットアップされていないと、自動的にCPUを使用します。GPU周りの設定が難しい方は、少し処理速度は遅くなりますが、CPUでも本章で紹介するコードを十分学習できます。

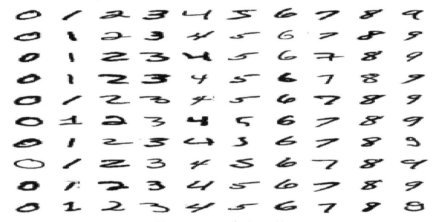

図 8-1　MNIST データの一例

まずはデータの準備から始めます。MNISTのデータセット（**図8-1**）はKerasのライブラリのデータセットに含まれているので、それを呼び出して、学習データやテストデータに名前を付けます。

注1　https://keras.rstudio.com/reference/install_keras.html

8.2　MNISTデータの事前処理

```R
> library(keras)
> num_classes <- 10   # 分類のクラス数
> size <- 28   # 画像のサイズ
>
> # 学習データ、テストデータ
> mnist <- dataset_mnist()   # keras パッケージの MNIST データ
> x_train <- mnist$train$x
> y_train <- mnist$train$y
> x_test <- mnist$test$x
> y_test <- mnist$test$y
```

　MNISTのデータの構造については第1章で説明しましたが、学習データである x_trainの次数を確認すると、60,000枚の28×28のピクセルサイズの画像があることがわかります。

```R
> dim(x_train)
[1] 60000    28    28
```

　学習させる前に、データの形を少し変形する必要があります。Rの画像データは、色を示す次元を加えて4次元のデータとして処理されるので、次元を一つ増やし1という数値を与えます。さらに、各ピクセルの色の濃さは0 ～ 255までの数値で与えられているので、255で除して0 ～ 1の範囲に収まるようにデータを標準化します。

```R
> # 色の軸を 1 次元加える
> x_train <- array_reshape(x_train, c(nrow(x_train), size, size, 1))
> x_test <- array_reshape(x_test, c(nrow(x_test), size, size, 1))
> input_shape <- c(size, size, 1)
>
> # 値を [0, 1] のレンジに標準化
> x_train <- x_train / 255
> x_test <- x_test / 255
```

第8章　Kerasを使ったディープラーニングの実践

　MNISTデータの正解のラベルは0 ～ 9までの数値として与えられていますが、ディープラーニングによる分類では、ラベルのカテゴリーごとに変数を与えるので、0から9の数値で与えられているラベルを10個（10次元）の値が0か1のベクトルに変換します。Kerasに用意されている`to_categorical()`という関数が、この変換をしてくれます。

R

```
> # ラベルの値を0,1の値のベクトルに変換
> y_train <- to_categorical(y_train, num_classes)
> y_test <- to_categorical(y_test, num_classes)
```

　学習データ、テストデータの各次元と、1番目の学習データのラベル（y_train[1,]）を確認してみます。第1章でも説明しましたがMNISTデータは学習用のデータとして6万、学習したモデルの精度テスト用のデータとして1万用意されています。

R

```
> dim(x_train)
[1] 60000    28    28     1
> dim(x_test)
[1] 10000    28    28     1
> dim(y_train)
[1] 60000    10
> dim(y_test)
[1] 10000    10
> print(y_train[1,])
 [1] 0 0 0 0 0 1 0 0 0 0
```

　y_train[1,]は6個目の数値だけが1で、ほかは全て0なので、このラベルは「5」（0から数えて6番目）の数字の画像であることがわかります。

182

⊘ 8.3 KerasとRStudioを使ったMNISTデータの CNNによる学習

　いよいよMNISTデータをKerasによるCNNで学習させます。ここで説明する CNNに関する概念はほとんど第3章で説明しているので、参照しながら読み進めてください。Kerasを使うとネットワークの設計が驚くほど簡単にできます。今回は、3層の畳み込み層（conv_2d）、2層のプーリング層と2層の全結合層（dense）を持ち、さらに2度ドロップアウトさせるネットワークを作ってみました。

R

```
> model <- keras_model_sequential() %>%
+    layer_conv_2d(filters = 32, kernel_size = c(3, 3), activation = "relu",
+                  input_shape = c(size, size, 1)) %>%  # 畳み込み層1
+    layer_max_pooling_2d(pool_size = c(2, 2)) %>%  # プーリング層1
+    layer_conv_2d(filters = 64, kernel_size = c(3, 3),
+                  activation = "relu") %>%  # 畳み込み層2
+    layer_dropout(rate = 0.15) %>%  # ドロップアウト1
+    layer_max_pooling_2d(pool_size = c(2, 2)) %>%  # プーリング層2
+    layer_conv_2d(filters = 64, kernel_size = c(3, 3),
+                  activation = "relu") %>%  # 畳み込み層3
+    layer_flatten() %>%
+    layer_dense(units = 64, activation = "relu") %>%  # 全結合層1
+    layer_dropout(rate = 0.2) %>%  # 追加  # ドロップアウト2
+    layer_dense(units = 10, activation = "softmax")  # 全結合層2
```

　keras_model_sequential()が、階層を線形的に積み上げてく構造（これをlinear stackという）で使われる関数で、ディープラーニングにおいて非常によく使われます。R版のKerasでは前章でも説明したパイプ演算子"%>%"によって階層をつなげていくことができます。

　ここで畳み込みに使われるフィルタは3×3のサイズで活性化関数はReLU関数（activation = "relu"）、プーリングには2×2のサイズの最大値（layer_max_pooling）を使っています。また2番目の畳み込み層と最初の全結合層のパラメータをドロップアウトさせています。layer_flatten()という層は、それまで行列の形の層からベクトルの形に変更される場所です。モデルの概要についてsummary()関数を使って確認できます（**図8-2**）。

第8章 Kerasを使ったディープラーニングの実践

```
> summary(model)
```

Layer (type)	Output Shape	Param #
conv2d_1 (Conv2D)	(None, 26, 26, 32)	320
max_pooling2d_1 (MaxPooling2D)	(None, 13, 13, 32)	0
conv2d_2 (Conv2D)	(None, 11, 11, 64)	18496
dropout_1 (Dropout)	(None, 11, 11, 64)	0
max_pooling2d_2 (MaxPooling2D)	(None, 5, 5, 64)	0
conv2d_3 (Conv2D)	(None, 3, 3, 64)	36928
flatten_1 (Flatten)	(None, 576)	0
dense_1 (Dense)	(None, 64)	36928
dropout_2 (Dropout)	(None, 64)	0
dense_2 (Dense)	(None, 10)	650

```
Total params: 93,322
Trainable params: 93,322
Non-trainable params: 0
```

図8-2 summary()関数で確認したモデルの概要

　フィルタの通過やプーリングの処理によって、通常はだんだんデータのサイズが圧縮されます[注2]。その結果、3番目の畳み込み層（cponv2d_3）では、3×3のサイズのチャネルが64枚あるだけになっています。したがって、これをフラット化すると576次元のベクトルになります。また、layer_flatten()でベクトル化された要素は次の64次元の全結合層と全結合されます。

　summaryのいちばん右の列の「Param #」とは、パラメータ（または重み係数）の数のことです。例えば、最初の畳み込み層のパラメータの数は320と表示されています。どうしてこの数になるのか説明しましょう。この層のフィルタはサイズが3×3で、枚数が32でした。この場合、パラメータの数はフィルタ行列の要素に1を加えたものに枚数を掛けた値、つまり$(3×3+1)×32＝320$と計算されます。フィルタのサイズに1を加えているのは、色の分類をするためのパラメータで、バイアス（bias）と呼ばれます。

　2層目のプーリング層のパラメータは0です。これは2×2のサイズのなかで最大

注2　フィルタを通過する際に、そのフィルタの一辺のサイズが2以上であれば、フィルタを通過するたびにデータのサイズはフィルタの一辺−1ずつ縮小する。しかし、次章で説明するアルファゼロやほかのResNetの構造などでは、畳み込みによって同じサイズが縮小しない方法を選択することもある。縮小させないときはパディング（padding）という方法がとられる。Kerasでは畳み込み層で、padding="valid"と設定すると縮小し、padding = 'same'とすると縮小しないように設定できる。デフォルト値はvalidである。

値を選択する処理がなされるだけのため、パラメータは必要ないからです。3層目の畳み込み層のパラメータはかなり大きな数になっています。この層のインプット層であるプーリング層に32枚のチャネル[注3] (channel) があって、それが64枚の3×3のサイズのフィルタを通過してアウトプットされます。したがって、この層のパラメータの数は $(32 \times 3 \times 3 + 1) \times 64 = 18{,}496$ になります。1を加えたのはさきほどと同様にバイアスを加えたからです。

4層目以降のプーリング層や畳み込み層のパラメータの数も同様に計算されます。最後の全結合層が出口になり、0から9までの10個の数字に対応する10次元のベクトルになります。その前の全結合層は64次元なので $(64 + 1) \times 10 = 650$ がパラメータの数になります。

8.4 学習の実行

次にこのモデルを使って学習をしますが、モデルの学習を始める前に、どのような方法で学習処理を行なうか、さらにいくつか設定する必要があります。Kerasではこの手続きをコンパイルと呼んでいます。

R

```
> # モデルのコンパイル
> model %>% compile(
+   loss = "categorical_crossentropy",
+   optimizer = optimizer_adadelta(),
+   metrics = c("accuracy")
+ )
```

ここでは、損失関数として交差エントロピー (cross entropy)、最適化のエンジンとしてAdadeltaという手法を使っています。さて、ではこのモデルを学習させてみましょう。

注3　入力や中間層が複数枚あるときこれらの1枚1枚をチャネルと呼ぶ。今回紹介するネットワークでは畳み込みのフィルタの枚数だけ中間層でチャネルができる。

第8章　Kerasを使ったディープラーニングの実践

R

```
> # モデルの学習
> batch_size <- 64
> epochs <- 12
>
> model %>% fit(
+     x_train, y_train,
+     batch_size = batch_size,
+     epochs = epochs,
+     validation_split = 0.2
+ )
```

　CNNの学習は第3章で説明したようにミニバッチで行います。ここではバッチサイズを64に設定したので、学習データから64ずつサンプルを取り出して学習させます。バッチサイズが大きすぎると過学習のリスクが高まるので、ここでは64に設定しています。またエポック数（epochs）とは、データ全体を何サイクル繰り返し学習させるかということです。最後のvalidation_splitというのは、検証データの割合で、ここでは0.2に設定したので学習データのうち20%が検証データとして使われることになります[注4]。

　この学習は、さほど高性能なGPUでなくても1エポック当たり数秒から10数秒程度で終わります。結果は**図8-3**のようになりました[注5]。図の上半分が学習データ（val_loss）について損失の大きさを、下半分が交差データ（val_acc）について予測の正確性を示しています。フィットさせると結果を自動的にグラフにしてくれるのがRStudioによるKerasの良いところです。

注4　このケースでは、もともとテストデータも用意されているが、学習データの一部を交差データとして利用している。
注5　学習の過程でさまざまな乱数を用いているので、同じ条件で計算しても結果は少しずつ異なる。

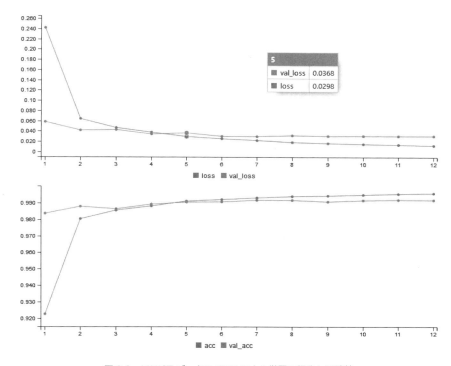

図 8-3　MNIST データの CNN による学習の損失と正確性

　この学習では5回目〜6回目くらいのエポックでかなり良い精度を得ていますが、ドロップアウトを二つ入れているせいか、エポックの回数が増えてもあまり交差データに対し精度（val_acc）が落ちません。

　次に10,000個のテストデータに対する損失（loss）や精度（acc）を調べてみます。Kerasではevaluate()という関数を使ってテストデータを指定すれば、両方の値を計算してくれます。このモデルでは、99.32％の正確さ、つまり10,000個のテストデータのうち間違いは68個だったことがわかります。

第8章 Kerasを使ったディープラーニングの実践

```R
> results <- model %>% evaluate(x_test, y_test)
10000/10000 [==============================] - 1s 107us/step
> results
$loss
[1] 0.02368579

$acc
[1] 0.9932
```

8.5 機械が誤分類したデータの確認

　MNISTデータの分類のなかなか良いモデルができました。せっかくなので、このモデルについても少し調べてみましょう。まずは、テストデータのうちどのようなデータの認識を誤ったのか調べてみます。

```R
> # テストデータに対する予測実行
> pred <- model %>% predict(x_test)
>
> # 予測値をベクトルから数値に変換
> pred_n <- (apply(pred, 1, which.max) - 1) %% 10
> rabel <- (apply(y_test, 1, which.max) - 1) %% 10
>
> # 結果をまとめ誤分類したデータの順番を抽出
> result <- data.frame(rabel = rabel, pred = pred_n)
> errors <- subset(result, (result$rabel - result$pred) != 0) %>%
+     rownames %>%
+     as.numeric
```

　コードの詳しい説明は省略しますが、テストデータについて、予測データと実際のラベルが食い違う（値を引き算して0にならない）ものを検出したところ68個ありました。これはさきほどの正確さの数値と整合します。

188

8.5 機械が誤分類したデータの確認

R

```
> length(errors)
[1] 68
```

　次のコードは、読み誤ったデータを表示するコードです。描図にはRのimage()
という関数を使っています。これは行列のヒートマップを作って可視化する関数で
す。そのまま表示させると、文字の部分が薄い色、余白が濃い色となり、やや見づ
らいので色を反転させています。また画像の上に正解であるラベルの値と予測値を、
それぞれ左右に表示しています（**図8-4**）。

R

```
> # 誤分類したデータの可視化
> n <- 6  # 表示する行数、列数
> par(mfcol = c(n, n), mar = c(0, 0, 3, 0))
> rotate <- function(x) {  #行を反転させる関数
+   t(apply(x, 2, rev))
+   }
> for (i in c(errors[1:(n * n)])) {
+   im <- x_test[i, , ]
+   image(rotate(im), col = gray(rev(0:255) / 255), axes = FALSE,
+         main = paste(rabel[i], "__", pred_n[i], sep = ""))  # 正解と予測値
を上に表示
+ }
```

8

189

第8章 Kerasを使ったディープラーニングの実践

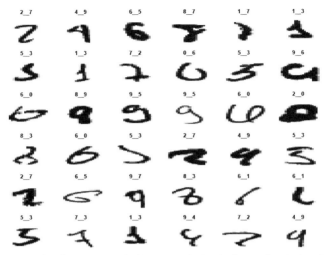

図8-4　モデルが誤分類した数字（上の小さい数字の左が正しい値、右が予測値）

　いかがでしょうか。人間が読んでも判別が難しそうな字も含まれてますよね。では、これらの文字を機械がどのように間違ったのかもう少し詳しく調べてみましょう。次のコードは、図8-4の間違いの最初の列について、予測の最終結果だけでなく詳細を示すものです（図8-5）。

R

```
> # 誤分類したデータの予測の詳細の表示
> library(DT)
> err_pred <-cbind(rabel, pred_n, pred)[err_num, ] %>% round(., 3)
> colnames(err_pred) <- c("rabel", "pred", 0:9)
> err_pred[1:n,] %>% datatable
```

Show 10 entries　　Search:

rabel	pred	0	1	2	3	4	5	6	7	8	9
2	7	0	0	0.26	0.005	0	0	0	0.734	0	0
5	3	0	0	0	0.641	0	0.359	0	0	0	0
6	0	0.872	0	0	0	0	0.001	0.127	0	0	0
8	3	0	0	0.184	0.717	0	0	0	0	0.099	0
2	7	0	0.236	0.168	0.009	0	0	0	0.586	0	0.001
5	3	0	0	0	0.636	0	0.364	0	0	0	0

図 8-5　予測の詳細

どの数値の可能性がいちばん高かったのかで最終的な予測結果は決まりますが、実際には、いくつかの候補に予測が割れていたものもあります。例えば、2行目は本当は「5」を示す画像を「3」と誤認識したサンプルに関する予測ですが、3の確率が64.1%、5の確率が35.9%と予測しています。つまり、機械も3と5とで判断が割れたのですが、3がより有力と結論付けたことがわかります。

8.6　フィルタと中間層のデータの可視化

次の分析として、ネットワークの途中で、画像がどのように変形されていくかを調べてみます。その前にCNNの構造について少し補足します。今回使ったネットワークでは、最初の層は3×3のサイズのフィルタを32枚使って畳み込みをしました。これによって、もともと28×28というサイズだったMNISTの画像が、26×26に縮小[注6]した32枚になります。ここで、32枚に分かれた画像は、ネットワークの後のほうで全結合層に至るまでは、お互いに影響を与えることなく別々に（フィルタ通過などの）処理が進んでいきます。

ネットワークの各層の内容や、パラメータの数についてはさきほど説明しましたが、**図8-6**で、インプット層から最初の全結合層までを、もう一度少し詳しく説明します。今回使ったネットワークは、フィルタの数が最初の層で32、それ以降で64でしたが、見やすくするためにフィルタの数を2と4に縮小して表示しています。

注6　正方形のフィルタであればフィルタの一辺のサイズ−1だけサイズが縮小する。

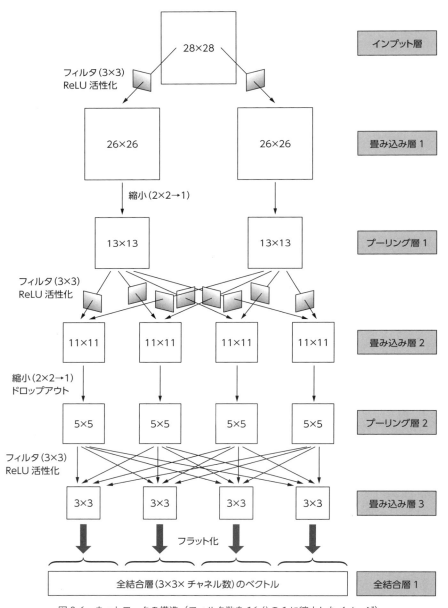

図 8-6　ネットワークの構造（フィルタ数を 16 分の 1 に縮小したイメージ）

8.6 フィルタと中間層のデータの可視化

　では、これらの中間層で、どのような処理が行われ、画像がどのように変換されるのかを調べてみましょう。Kerasではlayer$output()関数で各層をアウトプットできます。またKeras_model()という関数を使ってインプット層とアウトプット層を指定すると、それを一つの関数に仕立ててくれます。これらを使って、テストデータの最初のサンプル画像の各層における出力を取り出します[注7]。

R

```
> # 畳み込み層（第6層まで）のアウトプットの抽出を繰り返し実行しリストを作成
> layer_outputs <- lapply(model$layers[c(1:6)], function(layer){layer$output})
>
> # keras_model 関数を使って中間層をアウトプットする関数を作成
> output_func <- keras_model(inputs = model$input, outputs = layer_outputs)
>
> # サンプル画像（この場合テストデータの最初の画像）を使いアウトプットさせる
> sample_img <- x_test[1, , , , drop = FALSE]  # テストデータの最初のサンプ
ル画像
> layer_img <- output_func %>% predict(sample_img)  # 予測モデルの画像リスト
```

　次に描図関数を定義して、テストデータの最初のサンプル画像の各層における最初のチャネルのイメージを描図してみます。描図するのは元の画像と3番目の畳み込み層までの各層（ドロップアウトは除く）です。

R

```
# 描図関数の設定
> plot_image <- function(image) {
+    image(rotate(image), axes = FALSE, asp = 1, col = grey.colors(30))
+ }
> # サンプルの描図
> par(mfcol = c(1, 6), mar = c(0, 0.5, 0, 0.5))  # 画面の分割設定
> plot_image(x_test[1, , , ])  # サンプル画像（28 × 28 のサイズ）
> for (i in c(1, 2, 3, 4, 6)) {
+    layer_img[[i]][1, , , 1] %>% plot_image  # 各層でのイメージを描図
+ }
```

8

注7　R の lapply() という関数は、あるオブジェクトをリストに対して繰り返し適用する。

193

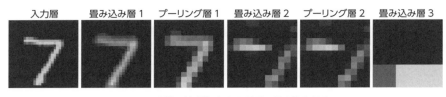

図 8-7　元の画像（左端）から 3 番目の畳み込み層までの
画像（テストデータの最初のサンプル）の推移

　図8-7はこのコードの結果です。テストデータの最初のサンプルは「7」の画像だったことがわかります。そして、NNの深い層に進むにつれて、次第に抽象化が進み、最後は本当に簡単なデザインのような図になりました。畳み込み層からプーリング層への変化は、前の画像が圧縮されているだけなので、かなり似た画像になります。畳み込み層では、（表示したチャネルの画像だけでなく）前の層の全てのチャネルからの画像がフィルタと活性化関数を通過し反映されます。

　次に、畳み込み層のフィルタがどのようなインプット画像のパターンに最もよく反応するのかを調べてみます。これを調べるには、フィルタを通過した際に損失関数が最大となるような画像のパターンを計算する必要があります。計算の方法について詳しい説明は省略しますが、次の関数を利用すれば実行できます。k_meanやk_gradientsといった「k_」で始まる関数は、Kerasバックエンド関数[注8]という関数群で、異なるバックエンドエンジン（この場合はTensorFlow）と接続して、必要な値を返してくれます。この関数は、正規化や損失関数の設定を行った後、データが取り得る値の中間値付近の初期値のマトリックスを作り、そこから勾配降下の計算を繰り返して、フィルタを最も活性化するパターンに近づけていく計算をしています。

注8　R 版の Keras については次の Web サイトで説明されています。
https://keras.rstudio.com/articles/backend.html

8.6 フィルタと中間層のデータの可視化

R

```r
> # イメージデータを標準化する関数の定義
> regularized_image <- function(x) {
+   dms <- dim(x)
+   x <- scale(x) * 0.2  # z スコア正規化をしてさらに値を縮小
+   x <- pmax(-0.5, pmin(x, 0.5)) + 0.5  # [0, 1] レンジに収める
+   array(x, dim = dms)  # 形を元に戻す
+ }
>
> # フィルタのパターンを計算する関数の定義
> pattern <- function(layer_name, filter, size, sigma = 20, step = 1) {
+
+   # 損失関数の設定
+   layer_output <- model$get_layer(layer_name)$output
+   loss <- k_mean(layer_output[, , , filter])
+
+   # インプットに対する損失勾配の値を取得し正規化
+   grads <- k_gradients(loss, model$input)[[1]]
+   grads <- grads / (k_sqrt(k_mean(k_square(grads))) + 1e-5)
+
+   # 入力値から配列の形式に変換して出力する関数を設定
+   grads_value <- k_function(list(model$input), list(grads))
+
+   # 中央値近辺に乱数を追加して初期値に
+   input_img <- array(runif(size^2), dim = c(1, size, size, 1)) * sigma +
255 / 2
+
+   # 30 回の勾配降下の実施
+   for (i in 1:30) {
+     input_img <- input_img + grads_value(list(input_img))[[1]] * step
+   }
+   # イメージの標準化と出力
+   image <- input_img[1, , , ] %>% regularized_image
+   return(image)
+ }
```

8

この関数を使って、まず試しに、2番目の畳み込み層の最初のフィルタがインプットデータのどのようなパターンに最もよく反応するか可視化してみます(**図8-8**)。

```
library(grid)
pattern("conv2d_2", 1, size) %>% grid.raster   # ビットマップ形式データの表示
```

図 8-8　最初の畳み込み層のフィルタが反応するパターン

8.7　畳み込み層の各層の可視化とサンプル画像の状態推移

次に、三つの畳み込み層の全てのフィルタを1層ずつ順番に可視化すると同時に、最初のテストデータの「7」の数字の画像が、それらの層でどのような画像に変換されるかを視覚化してみたいと思います。これまで作った関数を利用して、次のようなループ計算をさせます。

8.7 畳み込み層の各層の可視化とサンプル画像の状態推移

R

```
> library(gridExtra)
>
> layer_list <- list(c(1, 32), c(3, 64), c(6, 64))   # 畳み込み層の番号とサイ
ズ
> for (i in 1:length(layer_list)) {
+
+   # フィルタの描図
+   grobs <- list()
+   for (j in 1:layer_list[[i]][2]) {
+     image <- pattern(paste("conv2d_", i,sep = ""), j, size)
+     grobs[[j]] <- rasterGrob(image, width = unit(0.9, "npc"),
+                                  height = unit(0.9, "npc"))   # 図の配置
+   }
+   grid.arrange(grobs = grobs)
+
+   # チャネルごとアウトプットの描図
+   m <- ceiling(layer_list[[i]][2]^0.5)   # 一辺の画数
+   par(mfrow = c(m, m), mai = rep_len(0.02, 4))   # 画面分割
+   for (j in 1:layer_list[[i]][2]) {
+     layer <- layer_list[[i]][1]
+     plot_image(layer_img[[layer]][1, , , j])
+   }
+ }
```

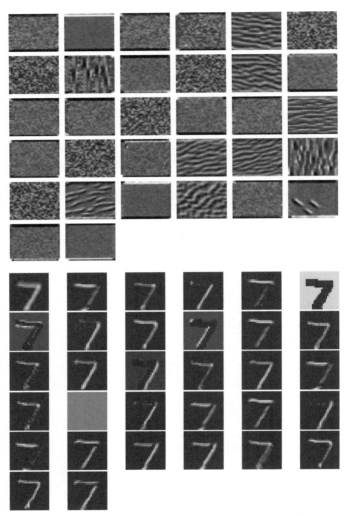

図 8-9　最初の畳み込み層のフィルタが反応するパターン（上）と、
　　　　変換された最初のサンプルの画像（下）

　最初の畳み込み層ではもともと 28×28 というサイズだった MNIST の画像が、3 ×3 の 32 枚のフィルタを通過した結果、画像サイズが 26×26 に縮小した画像が 32 枚になります（**図8-9**）。フィルタのパターンとサンプル画像はそれぞれ並んでいる順番に対応しています。例えば、いちばん右上のフィルタを通過した後の 7 の数字のテストデータ画像が、いちばん右上の 7 の数字の画像です。

8.7 畳み込み層の各層の可視化とサンプル画像の状態推移

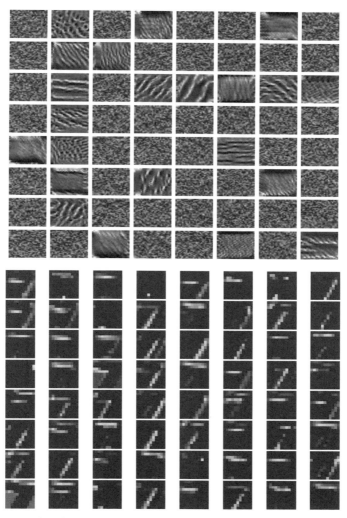

図 8-10 2番目の畳み込み層におけるフィルタの反応パターンと変換されたサンプル画像

2番目の畳み込み層では、サイズは 11×11 に小さくなります[注9]（**図8-10**）。かなり抽象化は進みますが、まだ7という数字の面影はあります。

注9 　その前に 2×2 の最大値でプーリングされているので、26×26 が 13×13 にまで縮小し、さらに 3×3 のフィルタによって 11×11 まで縮小する。

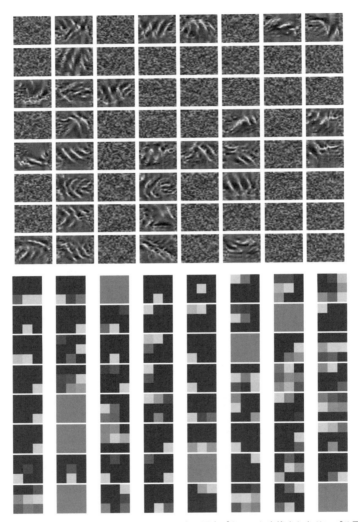

図 8-11　3番目の畳み込み層におけるフィルタの反応パターンと変換されたサンプル画像

　さきほど説明したように、フィルタやプーリングの処理を通過するたびにネットワークは縮小します。3番目の畳み込み層では画像のサイズは3×3にまで縮小され、相当に抽象的な模様になっています（**図8-11**）。人間の立場からすると、この画像からは逆に判別が難しい形状になっていますが、機械の立場では、（どの数字であるのか）結論を出す出口に近づいている状態です。この層では、いくつか模様が

ないフラットなチャネルがありますが、この層の前にドロップアウトを付けているので、おおむねその影響だと思われます。

ちなみに、この「7」という数字の予測がどうだったのか確認したところ、99.9997%で「7」であると予測されていました。つまり、これまでみてきたテストデータの最初のサンプル画像は、機械的には判別が簡単な問題だったようです。

R

```
> round(pred[1, ], 6)
[1] 0.000000 0.000000 0.000000 0.000000 0.000000 0.000000 0.000000 0.999997
0.000000
[10] 0.000002
```

さまざまなゲームの攻略法を ゼロから学習する アルファゼロ

第9章　さまざまなゲームの攻略法をゼロから学習するアルファゼロ

　本章では、これまで説明してきた機械学習とは、全く次元の違う構造と能力を持つ機械について簡単に説明します。その機械は現在の機械学習のさまざまな技術の粋を巧みに組み合わせて作られており、シンプルさと素晴らしいエレガントさも兼ね備えています。これは、機械が将来どこまで発達するのかを考える良い材料になるものです。

9.1　世界を驚かせたアルファ碁からアルファゼロまでの進化

　第2章と第3章で、Googleの子会社のDeepMindのデイビッド・シルバーなどの仕事をご紹介しました。彼らは、強化学習というそれまでほとんど忘れられていた機械学習のアプローチにディープラーニングを取り入れた深層強化学習（deep reinforcement learning）で、アルファ碁を作り世界を驚かせたのです。DeepMindは2017年の暮れにアルファ碁をさらに何段階か進化させたアルファゼロ（AlphaZero）を発表しました。これは、世界のAIの最高峰といえる機械で、機械が自分自身でゼロから囲碁や将棋などいくつものゲームの攻略方法を学習し、人間だけでなくほかの全てのコンピュータソフトをも凌駕するほどの実力を得られるというものです。アルファゼロは圧倒的な実力と非常に高度な機能をシンプルでエレガントな形で実現したという意味で、世界の最高峰のAIといえるでしょう。アルファゼロについては、その発表後にいくつかの優秀なレプリカも作られGitHub[注1]などで公表されています。

　2016年3月にDeepMindのアルファ碁が、囲碁界のトップ棋士の一人である韓国のイ・セドルを打ち破ったことは、AIの歴史のエポックメイキングな出来事であり、そのニュースは世界中を駆け巡りました。アルファ碁は翌年さらにパワーアップして、当時世界のナンバーワン棋士だった中国の柯潔にも完勝しました。そして、2017年の後半に、DeepMindは立て続けに、さらに進化させた深層強化学習に関する論文を発表しました。

　最初の論文はアルファ碁ゼロ（AlphaGo Zero）という機械では初期の学習用に利用していたプロの棋譜の利用をやめ、機械自身がゼロから学習して勝手に強くなるというものでした。この論文は自然科学の世界では有名な、イギリスのネイチャー誌に掲載されました[注2]。そして、そのすぐ後に発表されたのがアルファゼロ（Alpha

---

注1　GitHubはソフトウェア開発のプラットフォームで多くのオープンソースのコードなどがホスティングされる。
注2　その前のアルファ碁の論文も2016年にネイチャー誌に掲載された。

Zero）です。アルファ碁ゼロまでは囲碁向けにソフトが作られていたのに対し、アルファゼロは同じソフトで将棋やチェスなどさまざまなボードゲームをゼロから学習することが可能になりました[注3]。囲碁や将棋のルールだけインプットして学習させれば、勝手に強くなっていくのです。そして、さらに驚くべきは、その強さはアルファ碁ゼロを含むほかの最強豪のソフトを凌駕する水準であったことです。

アルファゼロは汎用性や性能が向上しただけでなく、構造が当初のアルファ碁に比べ大幅にシンプルになりました。アルファ碁から、アルファゼロまでの進化について、**表9-1**に簡単にまとめました。

表9-1　アルファ碁からアルファゼロへの進化

名称	論文発表時期	手法の概要と成果
アルファ碁 (AlphaGo)	2016 年 1 月	当初は囲碁のプロの棋譜を使ってニューラルネットを学習 次の指し手（ポリシー）と評価値（バリュー）を別々のニューラルネットワークで計算 2016 年 3 月に、囲碁界のトップ棋士であるイ・セドルと対戦し勝利（4 勝 1 敗）
アルファ碁ゼロ (AlphaGo Zero)	2017 年 10 月	プロの棋譜を利用するのをやめて、ルールだけインプットした機械を自己対戦させ、ゼロから学習させる方法に変更。さらに、アルファ碁まで使われていた二つのニューラルネットを一つにまとめた。イを下したアルファ碁を大幅に上回る強さに到達
アルファゼロ (AlphaZero)	2017 年 12 月	アルファ碁ゼロでは囲碁向けに人間がコーディングをしていた部分があるが、アルファゼロでは将棋やチェスやその他のボードゲームでも使えるものに汎用化させた 強化学習のアルゴリズムをシンプルに改良 3 日間の学習でアルファ碁ゼロより強くなる[注4]

⊘9.2　囲碁ソフトの強さを飛躍させた
モンテカルロ木検索（MCTS）

囲碁や将棋のルールだけインプットして学習させれば、勝手に強くなるという驚くべきアルファゼロの仕組みについて簡単に説明しましょう。まず、重要なのはモンテカルロ木検索（MCTS：monte-carlo tree search）という手法です。モンテカルロ法（Monte Carlo Method）とは、数値解析的に解を導くのが困難な問題や、計算量が膨大になる検索問題などについて、乱数を使ったシミュレーションを行い、

注3　ただし、アルファゼロは囲碁と将棋を比較すると、より囲碁に適した構造であると DeepMind が書いていることは付け加えておく。
注4　後で説明するが、四つの TPU が搭載された 1 台のマシンで学習した場合。

第9章　さまざまなゲームの攻略法をゼロから学習するアルファゼロ

解を近似させる方法です。モンテカルロ法は、量子の振る舞い、天候変動、複雑な金融商品の評価など、さまざまな分野に利用されます。チェスや将棋のようなゲームのソフトでは、選択可能な手を順に選んでゲームを繰り返し展開させ、最善手をみつけるアプローチがよく使われます。こうした手法を「探索木（tree search）」と呼ぶことは第3章で説明したとおりです。しかしながら囲碁や将棋の指し手パターンは膨大であり、ゲームが終了するまで考えられる全ての手を検索するのは事実上不可能です。したがって、次の一手候補をある程度の数に限定して検索を続けるか、検索の深さを限定する必要があります。

　こうした問題を解決するために、20世紀終盤にはゲームの検索にモンテカルロ法が取り入れられはじめ、それなりの研究がなされてきました。ただし、単にモンテカルロ法を導入するだけでは、ソフトの強さに限界がありました。そうしたなかで、検索木のモンテカルロ法を改良する形で2006年に登場[注5]したのがMCTSです。MCTSは単にモンテカルロ法による確率的なランダムさを織り交ぜ検索するだけでなく、信頼上限（UCB:upper confidence bound）と名付けられた変数を導入して、ある程度の深さまでは有力な手を中心に決定論的に検索[注6]を行います。

　図9-1を使ってMCTSのプロセスをもう少し詳しく説明しましょう。MCTSでは、まずは、UCBによって決定される指し手によって、何度か繰り返し一定の深さまでゲームを進めます（1. 手の選択）。次にUCBによって選択された最後の局面から、さらに有力な手をいくつか加え（2. 手の拡大）、モンテカルロ法によるシミュレーションを行い、ゲームが決着（プレイアウト）するまで手を進めます（3. サンプリング）。ゲームが決着すれば、その結果は勝ち、引き分け、負けの3通りなので、例えば、これらに1、0、−1という評価値を与え、それを途中のノードに遡って（逆伝播）評価すれば、ゲームの途中の局面を評価できます（4. 逆伝播による評価）。このプロセスを繰り返せば、次第に正確に局面評価できるようになります。局面価値とは、その局面において勝つ確率を数値化した指標です。これがMCTSのプロセスです。

注5　2006年に発表されたLevente KocsisとCsaba Szepesvariによる「Bandit based Monte-Carlo Planning」という論文でUCBにより選択する手法が導入された。

注6　この部分は想定される最大の損害が最小になるように決断を行う戦略である、ミニマックス（minimax）検索木の一種といえる。

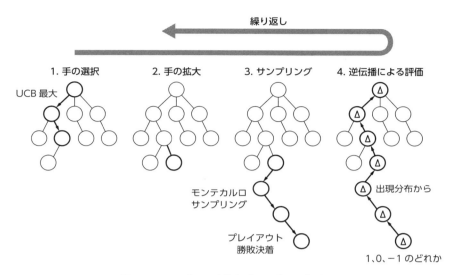

図 9-1　モンテカルロ木検索（MCTS）のプロセス

9.3　MCTSとディープラーニングを組み合わせた DeepMind

　MCTSがうまく機能するには、局面の評価値（バリュー）と、次にどの手をどのくらいの確率で選択すべきなのかというポリシーを、正確に把握できることが重要になります。人間のプロ棋士は長年の経験と直観力で、有力な手をとっさに選び、その手の有効性をより深く考えていくと聞きます。コンピュータソフトも全く同様で、さきほど紹介したMCTSの手の選択からサンプリングまでのプロセスにおいて、局面の評価と次の指し手の確率を用いて計算を実行しています。

　囲碁は、将棋やチェスに比べてゲーム進行のパターンがはるかに膨大であるため、局面評価は非常に難しいとされてきました。MCTSのアプローチの出現で、逆伝播された評価値から次の手の確率を学習させることも可能になり、囲碁の局面評価の技術は大きく進歩しました。しかしながら、天文学的なパターンがある囲碁の局面では、MCTSのシミュレーションと逆伝播による特定の局面の経験的な評価だけでは限界があります。

　MCTSを使った囲碁ソフトをさらに強くするために、別の局面評価手法との組合せなどが試みられ、かなり成果を上げたものもあったようです。デイビッド・シルバー

第9章　さまざまなゲームの攻略法をゼロから学習するアルファゼロ

を中心としたDeepMindのすごいところは、これをディープラーニングで学習させて、より一般的に評価値と確率を計算するマシンを作ろうとしたことです。ディープラーニングであれば、未知のデータ（局面）に対する汎化能力が高いので、単にシミュレーションで出現した局面だけを評価する手法より、はるかに汎用的に最適な指し手が探せるかもしれません。こうして生まれたのがアルファ碁です。

アルファ碁では、最初のステップとして、当時のほかの囲碁ソフトと同様、プロなどの棋譜を利用して局面評価と指し手（ポリシー）を学習させたニューラルネットワーク（NN）を作りました。そしてこのNNを土台にして、MCTSを使った自己対戦でNNにさらなる学習を重ねたのです。また、次の指し手と評価は別々のNNで行われてきましたが、アルファ碁ゼロからは局面評価と指し手は同じネットワークで評価されるようになりました。

さて、もう一度整理するために、アルファゼロの仕組みに関する重要な概念や手法について次の**表9-2**にまとめました。

表9-2　アルファゼロの仕組みに関する重要な概念や手法

概念や手法	説明
モンテカルロ木検索（MCTS）	モンテカルロ法とは、数値解析的に解を導くことが困難であったり、計算量が膨大になる検索問題などについて、乱数を使ったシミュレーションによって解を近似させる方法。モンテカルロ木検索（MCTS）は、検索木にモンテカルロ法のランダムさを取り入れるとともに、信頼上限（UCB）という指標を導入し、確率（勝率）が高い手を選択する（ミニマックス検索木）方法。囲碁や将棋のゲームのソフトなどでよく使われる。アルファゼロでは、MCTSが強化学習のプロセスの中心として組み込まれている
確率（ポリシー）	次にどの手を指すべきかの確率。確率が高いほど有力な手となる。MCTSでは、確率が高い手ほど、高い頻度でシミュレーションされる
評価値（value）	ゲームの局面の評価値。値が大きいほど勝つ確率が大きい。これは次の一手の確率と密接に関連している。アルファ碁では確率（またはポリシー）と評価値を別々のニューラルネットワーク（NN）で求めていたが、アルファ碁ゼロからは、同じNNを使っている
強化学習[注7]（reinforcement learning）	第3章でも説明したが、与えられた環境で機械（エージェント）が現在の状態から取るべき行動を、行動に対する報酬から学習する機械学習のこと。アルファゼロの場合は、MCTSによる自己対戦の結果から、囲碁や将棋の次の指し手（ポリシー）を学習する

注7　第2章、第3章を参照すること。

9.4 アルファゼロのMCTSとニューラルネットワーク（NN）

アルファゼロがどのようなMCTSの手法を使い、それがニューラルネットワーク（NN）の学習とどのように関連しているのかをもう少し具体的に説明しましょう。

ある時点のNNは、次に差す手（各選択肢）の確率pと局面の評価値vを計算します。つまり、確率pと評価値vはNNのパラメータθと局面（状態）sの関数$f_\theta(s)$として表せます。

$$(p, v) = f_\theta(s)$$

また、局面がsだった場合にプレイヤーがaという指し手（行動）をとるべきだとNNが計算する確率を次の式で表します。

$$P(s, a) = P(a|s)$$

局面の評価値$V(s)$は最終的な勝ち負けに対する報酬の期待値として表せます。つまり最終的な報酬（勝った場合は1、引き分けは0、負けた場合は-1）を示す確率変数をzとすると、vは局面sの条件付き期待値として表されます[注8]。

$$V(s) \approx E(z|s)$$

$E()$は確率的な期待値を示すオペレータで、確率分布Pによって計算されます。したがって、MCTSの結果で得られた実際の評価値vと事前確率pで計算されたものにギャップがあれば、事後的な結果から修正できます。事後的に推定値を修正するのはベイズ推定の手法そのものです。

こうした設定の下で、DeepMindはMCTSの信頼上限(UCB)を$Q(s, a) + U(s, a)$という変数として与えました。つまりMCTSの最初のステップである決定論的な指し手の選択は次の式を満たすように行われます。

選択する次の一手＝$(Q(s, a) + U(s, a))$を最大にするa

注8　したがって、確率pが既知ならば、vはそこから逆算可能。

第9章　さまざまなゲームの攻略法をゼロから学習するアルファゼロ

　ここでQは行動価値（action value）と名付けられた変数です。具体的には、局面sである行動aをとった後の局面評価の平均値で、次のように定義され、（MCTSの）事後的にアップデートされます。

$$Q(s, a) = \frac{1}{N(s, a)} \sum_{s^* | s, a \to s^*} V(s^*)$$

　ここで$s, a \to s^*$というのはある局面sから出発して次の一手の選択やサンプリングを繰り返した場合に最終的に局面s^*に至るプロセス（経路）のことです。また、$N(s, a)$はsという状態で、検索を行った結果aという手を指す回数を表します。

　次のアップデートを行うまでは$Q(s, a)$の値は一定なので、さまざまな指し手を検索するためにはUの値が重要になります。DeepMindはUという変数を次のように定義しました[注9]。

$$U(s, a) = c_{putc} P(s, a) \frac{\sqrt{\sum_b N(s, b)}}{1 + N(s, a)}$$

　ここで、c_{putc}は定数で、$P(s, a)$はさきほど説明したとおり局面sで行動aをとる事前確率、$\sum_b N(s, b)$は検索の回数の合計[注10]を表します。このUは一見すると不思議な形の式ですが、よく見ると非常に巧妙に設定されていることがわかります。シミュレーションの回数が少ない場合は、それまで検索していない行動aが選択されやすくなります[注11]。また、それまで同じ回数だけ選択された手同士の、次に選択される確率を比較すると、事前確率$P(s, a)$に比例して選択されやすくなります。そして検索の回数を増やしていくと、やがて事前確率$P(s, a)$の平方根にほぼ比例して[注12]ほかの指し手よりUの値が大きくなります。このように、アルファゼロのMCTSは、行動価値が高く、指す確率が高い手が選択されやすいようにしながら、ほかの候補手も十分に検索できるような配慮を重ねて設計されていることがわかります。

注9　$Q + U$で表されるアルファゼロの信頼上限（UCB）は、アルファ碁以前に使われていた一般的なMCTSのUCBの形式とは少し異なる。

注10　可能な全ての行動の回数の合計だから、検索回数の合計。

注11　検索回数が少ない行動aでは、$\frac{\sqrt{\sum_b N(s, b)}}{1 + N(s, a)}$の値が大きくなるから。

注12　なぜならば、十分検索回数が多ければ次の近似式が成り立つから。
$$P(s, a) \approx \frac{N(s, a)}{\sum_b N(s, b)}$$

⊘9.5 アルファゼロの強化学習のプロセス： MCTSとNNの学習の連携

　アルファゼロのMCTSのプロセスとそれに続くステップにおいて、どのように NNの学習と連携しているのかを、次の**図9-2**に示しながら説明します。

　さきほど説明したように、最初のステップ（1. 手の選択）でUCBを最大にするように一定の深さまで指し手を計算します。この計算を何回か繰り返した後は、事前確率pを使った手の拡大とモンテカルロ法によるシミュレーションが、勝敗の決着がつく（プレイアウト）まで行われます[注13]（2. 手の拡大とサンプリング）。勝敗の決着がつけば、プレイアウト時の勝敗結果から逆伝播で評価値Vと行動価値Qが更新されます（3. VとQの更新）。この更新の計算には、ゲームのシミュレーションで各ノードを通過した確率（＝そのノードを通過した回数÷ゲームの回数）が使われます。またQとVの関係はさきほど示したとおりです。以上が、アルファゼロのMCTSのプロセスです。

注13　実際には、いつまでも勝敗がつかなければ一定手数で終わらせる。

1. 手の選択

事前確率 P を使って計算された、行動価値 Q と信頼上限 U の和が最大になるような手の選択を、一定の深さまで（決定論的に）繰り返す

2. 手の拡大とサンプリング

選択された末端（葉）のノードから、事前確率 P を使った検索範囲を拡大して、さらにモンテカルロ法でゲームが終了するまでシミュレーションする

3. V と Q の更新

サンプリングされたゲームの勝敗結果から評価値 V と行動価値 Q は逆伝播で計算される

4. NN の学習

MCTS が終了したら、各ノードを通過した回数に応じて確率ベクトル π を更新。更新された確率で NN の学習をする

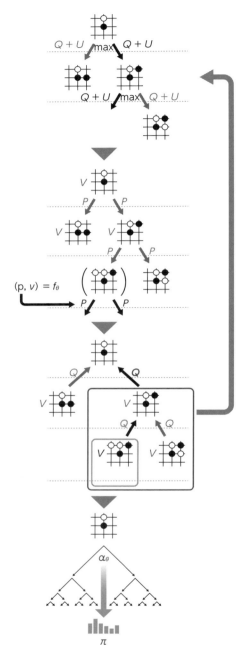

図 9-2　アルファゼロのモンテカルロ木検索（MCTS）のプロセス

このようなMCTSのプロセスを何回か繰り返した後、次のステップとしてニューラルネットワーク（NN）がMCTSの結果を使って学習します（4. NNの学習）。一連のMCTSの結果で各ノードを通過した確率がNNの学習データとして使われます。ちなみに、行動可能な全ての指し手の確率のベクトルを π と表せば、この学習は確率ベクトル π の更新であるといえます。ちなみに、この学習の損失関数は次のような交差エントロピーの式として与えられます。

$$l = (z - v)^2 - \pi^T \log P + c\|\theta\|^2$$

さて、もう一度この一連のサイクルを振り返ると、（MCTSで）行動を起こしたフィードバックによって、次の行動を学習していることがわかります。第3章ではこうしたタイプの機械学習を強化学習と呼ぶことを説明しました。つまり、このようなMCTSとNNの学習のサイクルが、アルファゼロの強化学習のプロセスを構成しているのです。

9.6 MCTSのプロセスとしての自己対戦とそのアプローチの進化

アルファゼロのMCTS、ひいては強化学習のプロセスはコンピュータによる自己対戦（self play）によって実行されます。自己対戦は、一つの機械が二人のプレイヤーの両方の役割を担って対戦する方法です。ゼロから学習するアルファゼロやアルファ碁ゼロの自己対戦は、最初パラメータがランダムに設定された状態でスタートします。つまり、最初のプレイヤーは可能な指し手（行動）a のいずれにもに差がない、全くランダムな行動をするわけで、ひどく弱いプレイヤーともいえます。しかしながら、弱いプレイヤー同士の対戦からでも、偶然うまく機能した指し手のデータは少しずつ溜まっていきます。こうして対戦結果のデータが溜まると、それを学習データとしてニューラルネットを更新し、少しずつ確率的な重みを考慮できるプレイヤーを作り出せます。そして、その確率の精度を高めれば、ますます強いプレイヤーになるのです。

アルファ碁ゼロの自己対戦では、次の**図9-3**のように二つの別々のパラメータをNNに使い、ベスト・プレイヤーと新プレイヤーという別々の役割を与えていました。

表9-3 アルファ碁ゼロにおける新プレイヤーとベストプレイヤーの役割

概念や手法	説明
新プレイヤー（new player）	現在のプレイヤーのニューラルネットワーク（current NN）は自己対戦の結果から、強化学習によって更新される
ベストプレイヤー（best player）	現在のプレイヤーの対戦相手で、ベストプレイヤーより有意に強くなったら、ベストプレイヤーとしてNNのパラメータθをコピーする

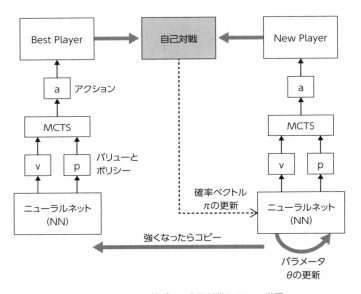

図9-3 アルファ碁ゼロの自己対戦とNNの学習

しかしながら、アルファゼロでは、自己対戦のアルゴリズムがよりシンプルな形に変更されました。プレイヤーの役割を二つに分けるのはやめて、一つのNNを両方のプレイヤーが共有するようになりました（**図9-4**）。

後から考えれば、アルファゼロのほうがシンプルで効率的な方法であることに気付けますが、そこにしっかり気付き修正を重ねられるところが、DeepMindのすごいところです。いずれにしても、アルファゼロやアルファ碁ゼロのネットワークはこのようなアルゴリズムで学習が行われています。

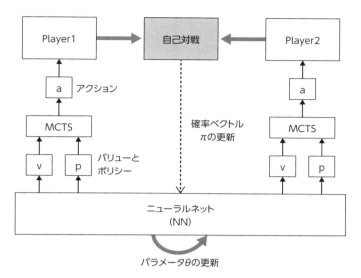

図 9-4 アルファゼロの自己対戦と学習

9.7 ResNetとバッチ正規化

　ここまで、アルファゼロのニューラルネットの役割について説明してきましたが、具体的にどのような構造のネットワークを使っているかは説明していませんでした。本節ではそれを説明します。アルファ碁ゼロとアルファゼロでは、2015年のLSVRCで優勝した残差ネットワーク（ResNet：residual network）がニューラルネットワークの構造として採用されました。ResNetは畳み込みニューラルネットワーク（CNN）の進化形で、データが全ての層を順番に通過するのではなく、途中の層をスキップしながら学習するアプローチです。

　それまでディープラーニングは性能を向上させようとすると、層の数を増やす必要がありましたが、一定以上層を増やすとかえって性能が低下するという問題点が知られていました。問題が発生する原因にはいくつかのパターンがありますが、とくに勾配消失[注14]（vanishing gradient）や勾配発散（exploding gradient）が知られています。ResNetは、途中の層をスキップしてショートカットする経路を設けることで、こうした問題が発生しないよう工夫されていました。

　また、アルファ碁以降のネットワークでは、あちこちにバッチ正規化（batch

注14　損失関数をパラメータで偏微分した値の勾配が、あまりに小さくなり、学習が進行しなくなる問題。

第9章 さまざまなゲームの攻略法をゼロから学習するアルファゼロ

normalization）という比較的新しい手法が適用されています。バッチ正規化は
2015年にGoogleの研究者たちによって考案された方法で、ディープラーニング
の途中の層をミニバッチで学習するたびに、その層のデータをzスコアなどによっ
て正規化するやり方です。それまでのディープラーニングの過学習抑制としてはド
ロップアウトなどが有力な手法とされ、前章の例でも用いました。バッチ正規化は
ドロップアウトと類似の効果が得られるようですが、どちらがより効果的かは、ケー
スバイケースのようです。

表9-4　アルファゼロのニューラルネット（NN）に用いられているアプローチ

概念や手法	説明
ResNet[注15]	アルファ碁ゼロのネットワークとして採用されたCNNの進化形。ResNetは残差ネットワーク（residual network）の略で、データが全ての層を順番に通過するのでなく、途中の層をスキップ（ショートカット）しながら学習するアプローチ。アルファ碁ゼロから採用された
バッチ正規化 (batch normalization)	過学習抑制の手法で、ディープラーニングの途中の層をミニバッチで学習するたび、その層のデータをzスコアなどにより正規化（normalization）する。2015年にGoogleの技術者によって発表された。ドロップアウトなどに代わる手法として注目を集めている

9.8　アルファゼロのニューラルネットワーク

　次に、アルファゼロのNNをもう少し具体的に説明しましょう。ResNetでは、
CNNのいくつかの層がブロック化されており、そのブロックをスキップ（ショート
カット）する経路を残差ブロックといいます。アルファ碁ゼロでは次のような残差
ブロックの型が設定されました（**図9-5**）。

注15　第2章を参照すること。

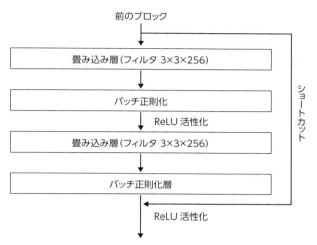

図 9-5　アルファゼロのニューラルネット（NN）の残差ブロック

アルファ碁ゼロを含む多くのResNetでは、フィルタを通過しても、盤面のサイズが次第に縮小しないように畳み込み層が作られます[注16]。ResNetでは、このような残差ブロックをいくつか重ねて深い階層のネットワークを作ります。

さて、部品の説明が済んだら、いよいよアルファ碁ゼロの全体的な構造を紹介します（図9-6）。囲碁の盤面は19×19のサイズですが、アルファ碁ゼロでは現在の黒石と白石の盤面（状態）だけでなく、それぞれの7手前までの盤面と、どちらの手番かという17（＝2＋7×2＋1）チャネルのインプットがされます。そして、一つの畳み込み層を通過した後、さきほど説明した残差ブロックを実に19個ないしは39個も繰り返します。

この膨大な回数の残差ブロックの繰り返しの後は、次の一手（ポリシー）を決めるネットワークと、局面評価を決めるネットワークに経路が分かれます。

注16　前章でも触れたが、ネットワークが縮小しないようにするにはパディング（padding）という手法が使われる。パディングとは、画像の周辺を値0のセルで一周するように元の行列を拡大し、フィルタを通過してもデータのサイズが縮小しないようにする方法。Kerasでは padding="same" とすれば、この方法が選択される。

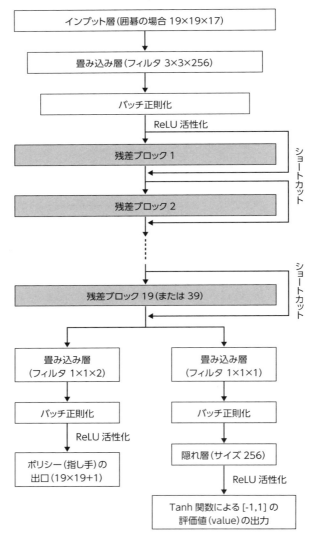

図9-6 アルファ（碁）ゼロのニューラルネットワークの構造

　いかがでしょうか。フィルタの数の多さや、残差ブロックの繰り返しの多さには驚かされますが、全体的な構造自体はいたってシンプルです。ただし、このネットワークのパラメータの数は膨大です。パラメータ数の計算は前章で紹介しましたが、アルファゼロのネットワークでは、一つの残差ブロックだけで $(3×3×256+1)×256×2$ 回 $≒118$ 万個のパラメータがあり、全体ではこれの約20倍程度なので約

2,400万個のパラメータがあるという計算になります。

9.9 PyTorchやKerasを使った アルファゼロのレプリカの実践

2017年12月にアルファゼロの論文が発表されると、その後の数か月でアルファ碁を少しシンプルにしたいくつかのレプリカが公開されました[注17]。そのコードの多くでPyTorchやKerasなどが利用されています。とてもよくできていて説明もしっかりされているものもあるので、コンピュータの設定やPythonに少し習熟した方であればぜひ試してみるとよいと思います。

これほど素晴らしいアルゴリズムの簡単なレプリカを自分自身で動かせることにはある種の感動を覚えます。また本章で説明したアルファゼロやアルファ碁ゼロの全体的な仕組み、さらにより具体的にはMCTSのメカニズムやResNetのニューラルネットワークの構造などを読みながら動かせば、きっとアルファゼロに対する理解が進み、一段と興味が増すものと思います。

ちなみに、こうしたWebサイトのレプリカでは、囲碁や将棋だとあまりに計算時間が長くなるので、ずっと簡単なゲームを想定しています。例えば、6×6の盤でプレイするオセロゲームや、6×7の42マスで行う4目並べ（Connect 4といいます）などです。ネットワークのサイズも、さきほど紹介したアルファ碁ゼロに比べると、フィルタの数やResNetの深さなどが大幅に減らされています。

それでもアルファ碁のレプリカの学習では、オセロ程度の簡単なゲームでも、一般に売られている高性能なGPUを使って1週間[注18]くらい、性能が悪いGPUではその何倍も時間がかかります。さきほど紹介したMNISTデータの分析では、同じGPUを使っても1、2分程度の学習で相当な精度のモデルができることを考えると、これは大変な違いです。

アルファゼロの論文では、ディープラーニング専用のプロセッサTPU[注19]を四つ備えたコンピュータ1台を使って、将棋であれば2時間、囲碁であれば8時間程度で、

注17 例として以下のURLを参照。
https://github.com/suragnair/alpha-zero-general
https://github.com/AppliedDataSciencePartners/DeepReinforcementLearning
注18 筆者が実験用に使ったGPUも少し古いバージョンだったので、学習回数を大幅に減らして学習させた。
注19 TPUとはTensor Processing Unitのことで、Googleが開発し、2016年に発表された。計算の内容によっては当時の最速のGPUの数十倍の計算速度が実現できるとされた。

第9章　さまざまなゲームの攻略法をゼロから学習するアルファゼロ

トップのソフト[20]を破る水準に達しました、さらに3日間の学習で、アルファ碁ゼロを追い抜いたと説明しています。四つのTPUは私たちには想像もできない計算能力ですが、ハードの問題だけでなく、レプリカのソフトよりはるかに効率的に学習できるようにネットワークの設定や調整がなされているのだと思います。

注20　実際に比較されたのは、将棋は elmo、囲碁はイ・セドルを下したバージョンのアルファ碁。

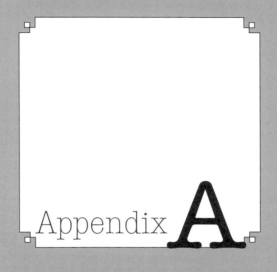

機械学習の基盤となる
数学の概要

付録A　機械学習の基盤となる数学の概要

A.1　機械学習の数学的基盤となるベクトル空間

　機械学習の基盤となる数学を理解するには、「ベクトル空間（線形空間）」「ノルム空間」「内積空間」「ユークリッド空間」などの空間とその性質を理解することが非常に重要です。「空間」という言葉は現代数学[注1]の用語で、慣れない方にはわかりにくいかもしれませんので説明します。

> **数学的な空間とは**
> 　数学的な空間とは、集合（set）に数学的な構造（structure）を加えたもののこと。

　数学的な構造とは、どのような加法（足し算）、乗法（掛け算）、距離、集合の演算などが導入（定義）されているかということです。単なる集合ではこうした演算などが自明ではないのです。例えば、機械学習で最も重要な空間であるベクトル空間（vector space）は、次のように定義されます。

> **ベクトル空間（線形空間）の定義**
> 　ベクトル空間とは、次の条件を満たす、0を要素に持つ集合 X のこと
> ① 加法（addition）が定義され、それについて閉じている[注2]
> ② 加法に関する逆元（inverse）が存在し X の要素に含まれる
> ③ スカラー倍[注3]（scalar multiplication）の演算が定義され、それについて閉じている

　ベクトル空間（線形空間：linear space）のわかりやすい例は n 次元実ベクトル空間（これを R^n と表記する）などですが、0を要素に持っていて①から③で示された数学的な構造を備えていればなんでも構いません[注4]。ここで加法とは、読者がよくご存知の「足し算」のような[注5]演算のことです。また、スカラー倍とは2倍、3倍といった実数倍（複素ベクトル空間であれば複素数倍）する演算です。

　ベクトル空間とは、詰まるところ、足し算（のような演算）とスカラー倍が導入さ

注1　現代数学といっても、19世紀後半から20世紀前半ぐらいに整理が進んだアプローチなので、現在からみれば少し古い話である。
注2　x と y がともに X の要素である場合に、$x+y$ も X の要素であること。
注3　スカラーは通常は実数であるが、任意の体（field）の要素がスカラーになり得る。実数体のほかに例えば複素数体、有理数体などの要素がベクトル空間のスカラーになる場合がある。
注4　後で示す行列による線形写像全体の集合などもベクトル空間となり得る。
注5　加法は一般的な足し算でなくても、次の脚注で説明する加法の公理を満たす演算であればなんでもよい。

れている0とマイナスの要素を含む集合のことです。そして足し算とスカラー倍の存在がベクトル空間の構造を特徴付けます。もう少しわかりやすくいうと、ベクトル空間は、足し算やスカラー倍を好きなだけ繰り返し行えることだけは保証されているような空間といってもいいかも知れません。

> **▣ ベクトル空間の演算が満たす性質**
>
> ベクトル空間における演算は加法や乗法の公理[注6]から、次のような性質を満たす[注7]。
>
> $x, y, z \in X$, $a, b \in R$（実数）として
> ① $x + 0 = 0 + x = x$（加法の単位元）
> ② $x + (-x) = (-x) + x = 0$（加法の逆元）
> ③ $x + y = y + x$（加法の交換法則）
> ④ $(x + y) + z = x + (y + z)$（加法の結合法則）
> ⑤ $1x = x$（スカラー倍の単位元）
> ⑥ $a(x + y) = ax + ay$（スカラー倍の分配法則）
> ⑦ $(a + b)x = ax + bx$

この性質は、皆さんがよく知っている足し算や掛け算（乗法）では当たり前の性質です。数学的には、ベクトル空間の演算として、上記のような性質を満足する限りは当たり前でないような加法や乗法も導入できるのですが、機械学習の実践においては今のところそこまで考える必要性はなさそうです。

⊘A.2　ベクトル空間、ノルム空間、内積空間、ユークリッド空間とその関係

ベクトル空間について数学的にやや抽象的に説明しましたが、このベクトル空間と皆さんがよく知るユークリッド空間にどのような関係があるのか、**図A-1**で説明します。

注6　数学における公理とは、証明する必要のない基本的な前提条件のこと。加法や乗法に関する公理は、20世紀初めにイタリアの数学者ジュゼッペ・ペアノ（Giuseppe Peano, 1858 – 1932）によって定式化された。このペアノの公理が現代的な線形代数学の基盤となっている。

注7　ちなみに、この性質の①〜④を満たすような集合はアーベル群（または可換群）と呼ばれる。

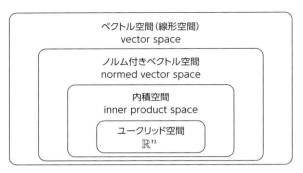

図 A-1 ベクトル空間、内積空間、ユークリッド空間などの関係

この図は、例えばノルム付きベクトル空間（normed vector space）であれば、その空間はベクトル空間であるということを意味しています。また内積空間（inner product space）はノルム付きベクトル空間であり、n次元のユークリッド空間（$\mathbb{R}^n$と表記[注8]）であれば、内積空間でありノルム付きベクトル空間や、ベクトル空間でもあります。

次に機械学習において非常に重要な内積（inner product）と内積空間について説明します。後で説明しますが、内積は機械学習の計算で多用されるドット積と関連が深い概念です。

> ### 内積と内積空間の定義
> Xをベクトル空間とした際に、次を満たすような関数$\langle,\rangle : X \times X \to R$（実数全体の集合）を内積といい、内積が導入されたベクトル空間を内積空間という。
> ① $\langle x, x \rangle \geq 0$かつ等号の場合は$x = 0$
> ② $\langle x + y, z \rangle = \langle x, z \rangle + \langle y, z \rangle$
> ③ $a\langle x, y \rangle = \langle ax, y \rangle$
> ④ $\langle x, y \rangle = \langle y, x \rangle$
> ただし、$x, y, z \in X$, $a \in R$とする。

> ### 定理：コーシー・シュワルツの不等式（Cauchy–Schwarz inequality）
> 内積については、次の有名なコーシー・シュワルツの不等式が成立する。
> $|\langle x, y \rangle|^2 \leq \langle x, x \rangle \langle y, y \rangle$

注8　n次元の実数空間と、n次元のユークリッド空間は、しばしば同じ記号で表記されるが、ここでは区別する。

A.2　ベクトル空間、ノルム空間、内積空間、ユークリッド空間とその関係

　内積は非常に重要な概念で、二つのベクトルの向きの類似性を考慮した長さの積であると解釈することができます。そして、ベクトルの自分自身との内積は自身の長さの積を意味するので、そこからノルム[注9] (norm) や距離が誘導されます。

> **■ ノルム空間の定義**
> 　X をベクトル空間とした際に、次を満たすような関数 $\|, \| : X \times X \to R$ をノルムといい、ノルムを持つベクトル空間をノルム付きベクトル空間 (normed vector space) という。
> ① $\|x\| \geq 0$ かつ等号の場合は $x = 0$
> ② $\|ax\| = |a|\|x\|$
> ③ $\|x + y\| \leq \|x\| + \|y\|$

　内積空間の内積について、証明は省略しますが、$\|x\| = \sqrt{\langle x, x \rangle}$ と定義すれば、この $\|, \|$ はノルムの条件を満足することがわかります。したがって、内積空間であれば、それはノルム付きベクトル空間でもあります。次に、距離を定義します。

> **■ 距離の定義**
> 　集合 X の要素について次を満たすような関数 $d : X \times X \to R$ を距離という。
> ① $d(x, y) = 0 \iff x = y$
> ② $d(x, y) = d(y, x)$
> ③ $d(x, z) \leq d(x, y) + d(y, z)$
> 　ただし、$x, y, z \in X$ とする。

　ノルムからは $d(x, y) = \|x - y\|$ とすることによって、簡単に距離を誘導できます。距離が定義されている空間を距離空間 (metric space) といいます。

　ベクトル空間に定義されるノルムにはいろいろなものがあります。読者に最も馴染みが深いと思われるものがユークリッド・ノルム (euclidean norm) です。これは人が定規で測るような「通常の」距離（長さ）であるユークリッド距離を誘導します。

注9　ノルムとは尺度、基準などの意味。

付録A　機械学習の基盤となる数学の概要

■ ユークリッド内積、ユークリッド空間の定義

n次元実ベクトル空間R^nがこのあと説明するドット積の形で内積が定義される場合、この空間をn次元ユークリッド空間と呼び、この内積をユークリッド内積という。

ユークリッド内積から次のようなノルム（ユークリッド・ノルム）が誘導される。

$$\|x\| = \sqrt{x_1{}^2 + x_2{}^2 + \cdots + x_n{}^2}$$

ただし$x = (x_1, x_2, \cdots, x_n), x_i \in R$とする。ユークリッド・ノルムから$d(x, y) = \|x - y\|$として誘導されるのがユークリッド距離である。

さて、ここまでいろいろな空間について説明してきたのは、ほぼ全ての機械学習はベクトル空間上で議論されますが、必ずしもユークリッド・ノルムを前提にしているわけではないからです。ユークリッド空間は、数学的には（一般化された概念でないという意味で）特殊な空間なのです。

実際、例えば、第5章のk近傍法の説明では、scikit-learnのパラメータとして、ユークリッド距離だけでなくマンハッタン距離も選択できることを説明しました。さきほどのノルムの定義を満足するような関数は、さまざまなものがありますが、そのなかで、よく知られるのが次に示すp-ノルムです。ユークリッド距離やマンハッタン距離はp-ノルム（それぞれ、$p = 2$、および$p = 1$としたもの）の代表的なものから誘導される距離です。

■ p-ノルムの定義

次のように定義されるノルムをp-ノルムという。ただし$1 \leq p < \infty$とする。

$$\|x\|_p = (|x_1|^p + |x_2|^p + \cdots + |x_n|^p)^{\frac{1}{p}}$$

また、SVMにおける内積については後で説明しますが、それはヒルベルト空間（Hilbert space）という空間に密接に関連しています。ヒルベルト空間は内積空間に、さらに完備性[注10]（completeness）という、数学では非常に大事な条件を満足する空間です。これ以上の説明は省略しますが、**図A-2**は、さきほどの関係図にヒルベルト空間など、いくつかの重要な空間を加えた関係図です。

注10　ノルム空間の場合、導入されたノルムについてコーシー列が収束することを完備という。つまり極限の値もその集合に含まれるということ。

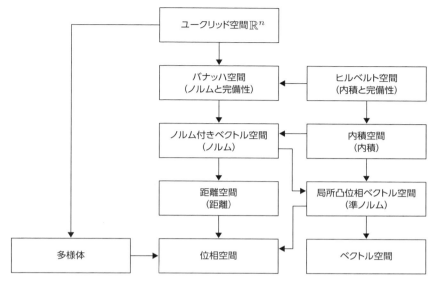

図 A-2　各種の数学的空間の関係

　ユークリッド空間は、(ユークリッド内積という) 特殊な内積を持つばかりでなく、空間を構成する集合が実ベクトル空間に限定されるという点でも非常に特殊です。これに比べるとヒルベルト空間などそれ以外の空間では、集合や内積のバラエティが非常に大きく、ヒルベルト空間と一言でいってもさまざまなタイプがあり得るのです。

A.3　ドット積、行列、行列積

　機械学習、とくにディープラーニングにおいては、ベクトル同士の演算としてドット積 (dot product) が頻繁に使われます。これは次のように定義され、集合が R^n の場合はユークリッド空間の標準的な内積[注11] (ユークリッド内積) と同じものです。

注 11　標準的な内積は自然な内積ともいう。ユークリッド・ノルムは標準的な内積から誘導されるノルムである。

付録 A 機械学習の基盤となる数学の概要

📖 ドット積 (dot product) の定義

ドット積とは、二つの同じ長さのベクトルによる次のような演算のことである。
$a = (a_1, a_2, \cdots, a_n)$、$b = (b_1, b_2, \cdots, b_n)$ とした場合、

$$a \cdot b = a_1 b_1 + a_2 b_2 + \cdots + a_n b_n$$

二つのベクトルを行数が1の行列とみなした場合、ドット積はこの後説明する次のような行列の積と等しくなる (b^T はこの後説明する転置行列)。

$$a \cdot b = ab^T$$

また、a と b が R^n の要素であれば、ドット積はユークリッド内積である。つまり、

$$a \cdot b = ab^T = \langle a, b \rangle$$

次に1次元のベクトルを2次元に拡張した行列とその積について説明します。

📖 行列 (matrix) の定義

自然数 m、n と $m \times n$ 個の実数 (または複素数) $a_{i,j}(i = 1, 2, \cdots m, j = 1, 2, \cdots n)$ について次の A を m 行 n 列 (または $m \times n$) の行列 (matrix) という。

$$A = \begin{pmatrix} a_{1,1} & \cdots & a_{1,n} \\ \vdots & \ddots & \vdots \\ a_{m,1} & \cdots & a_{m,n} \end{pmatrix}$$

ここで、実数 (または複素数) $a_{i,j}$ は行列 A の (i, j) 成分といわれる。

A.4 さまざまな行列の性質とその演算

🔲 行列の積

空間に加法と乗法が定義されていて、さらに一定の条件[注12]を満たす場合、次のような行列の積（または行列の乗法[注13]）が定義される。

A、Bをそれぞれ次のような$m \times n$、$n \times p$の行列であるとすると、

$$A = \begin{pmatrix} a_{1,1} & \cdots & a_{1,n} \\ \vdots & \ddots & \vdots \\ a_{m,1} & \cdots & a_{m,n} \end{pmatrix}、\quad B = \begin{pmatrix} b_{1,1} & \cdots & b_{1,p} \\ \vdots & \ddots & \vdots \\ b_{n,1} & \cdots & b_{n,p} \end{pmatrix}$$

A、Bの積の行列の(i, j)成分は、ベクトルa_iとb_j^Tのドット積となる（ただし、$a_i = (a_{i,1}, a_{i,2} \cdots, a_{i,n})$, $b_j^T = (b_{1,j}, b_{2,j} \cdots, b_{n,j})$）。

つまり、

$$A \cdot B = \begin{pmatrix} a_1 \cdot b_1^T & \cdots & a_1 \cdot b_p^T \\ \vdots & \ddots & \vdots \\ a_m \cdot b_1^T & \cdots & a_m \cdot b_p^T \end{pmatrix}$$

行列の積は、Aの列数とBの行数が同じ（この場合n）場合にのみ演算可能である。

A.4 さまざまな行列の性質とその演算

行列には、それぞれ独特の性質を持つさまざまなタイプがあります。次の表にその代表的なものをまとめました。

付録

注12 乗法が加法のうえに分配的であるという条件。これらを全て満たす集合を半環（semi-ring）という。
注13 行列の乗法は可換ではない（つまり交換則が必ずしも成立しない）が、ペアノの乗法の公理を満足する。

229

付録A　機械学習の基盤となる数学の概要

表A-1　主要な特殊な行列

行列名	説明
正方行列（square matrix）	行数と列数が同じ、すなわち $n \times n$ の行列
対角行列（diagonal matrix）	正方行列で左上からの対角線上の成分（これを対角成分という）以外の成分が全て 0 のもの $$\begin{pmatrix} a_1 & 0 & \cdots & 0 \\ 0 & a_2 & \cdots & 0 \\ \vdots & \vdots & \ddots & \vdots \\ 0 & 0 & \cdots & a_n \end{pmatrix}$$
単位行列（identity matrix）	対角行列で、対角成分が全て 1 であるもの。本書では単位行列を E と表示する $$E = \begin{pmatrix} 1 & 0 & \cdots & 0 \\ 0 & 1 & \cdots & 0 \\ \vdots & \vdots & \ddots & \vdots \\ 0 & 0 & \cdots & 1 \end{pmatrix}$$ 単位行列 E は行列の乗法の単位元である
転置行列（transposed matrix）	ある行列 A の、(i, j) 成分と (j, i) 成分を入れ替えた行列で A^T と表記する 例えば $A = \begin{pmatrix} 1 & 2 & 3 \\ 4 & 5 & 6 \\ 7 & 8 & 9 \end{pmatrix}$ のとき $A^T = \begin{pmatrix} 1 & 4 & 7 \\ 2 & 5 & 8 \\ 3 & 6 & 9 \end{pmatrix}$ 転置行列は必ずしも正方行列である必要はない
対称行列（symmetric matrix）	正方行列で、元の行列と転置行列が同一のもの。つまり、$A = A^T$
正則行列（regular matrix）	逆行列（次に説明）が存在する正方行列
逆行列（inverse matrix）	ある正方行列 A に対し、同じサイズ（行数、列数）の行列 A^{-1} が存在し、A との行列積が単位行列 E になる場合。つまり、$AA^{-1} = E$ このとき次も成り立つ $A^{-1}A = E$
直交行列（orthogonal matrix）	ある実正方行列 A で、その転置行列 A^T が逆行列 A^{-1} になるもの。つまり、$A^T = A^{-1}$ 直交行列は例えば次のような行列で、これはベクトルを θ 度回転させる写像に対応する行列である $$\begin{pmatrix} \cos\theta & -\sin\theta \\ \sin\theta & \cos\theta \end{pmatrix}$$
随伴行列（adjoint matrix）	複素数を成分に取る行列を、転置しさらに虚数部分のみ符号を反転させた行列。例えば、 $A = \begin{pmatrix} 1 & 1-i \\ -1+i & i \end{pmatrix}$ の随伴行列は $A^* = \begin{pmatrix} 1 & -1-i \\ 1+i & -i \end{pmatrix}$

A.4　さまざまな行列の性質とその演算

ユニタリ行列（unitary matrix）	複素正方行列 U とその随伴行列との積が単位行列になる行列 $UU^* = U^*U = E$ ユニタリ行列は直交行列の複素行列への拡張である

　次に行列演算の性質を説明しますが、行列演算は m 行 n 列（$m \times n$）などのサイズが同じでないと成立しない場合が多いので、これらが同じものを「同じ型」と呼ぶことにします。**表A-2** に同じ型の行列同士の演算の主要な性質を示します。

表A-2　同じ型の行列同士の演算の主要な性質

演算	説明
行列の加法の性質	行列の加法（足し算）は次の法則が成り立つ $A + B = B + A$（交換法則） $(A + B) + C = A + (B + C)$（結合法則） $A + O = A$（単位元、O は全ての成分がゼロの行列）
スカラー倍の性質	$a(A + B) = aA + aB$（分配法則） $(a + b)A = aA + bA$ $1A = A$（単位元） $0A = 0$
行列積の性質	$EA = AE = A$（単位元）

　さて、行列同士の加法の性質やスカラー倍の性質は、どこかで見覚えがありませんか。そうです、これはベクトル空間の演算が満たす性質とほぼ同じです。あとは加法に対する逆元が存在することがいえれば、行列の集合がベクトル空間を構成することがわかります。しかし、同じ型の行列全体 M を考えれば、行列 A に -1 をスカラー倍した行列もやはり M の要素になり、逆元が存在することがわかります。

> 🔲 **同じ型の行列全体からなるベクトル空間**
> 　同じ型の行列全体からなる集合 M はベクトル空間である。

　行列は（必ずしも）ベクトルでないのにベクトル空間であるというと少し混乱するかもしれません。しかし、この付録の最初に説明したように、いろいろなものがベクトル空間の集合になり得て、型が同じ行列全体の集合もその一例なのです。

付録

231

付録A　機械学習の基盤となる数学の概要

A.5　行列と線形写像、固有値、テンソル、カーネル関数と射影

さて、ここまで、ベクトル空間と行列についていろいろ調べてきましたが、今度はそれらと写像の関係、そして写像が作る集合について調べていきます。以下、行列は成分が実数のもの（これを実行列という）という前提で議論します。まずは写像を定義します。

📖 写像の定義

写像 f は集合 X と Y について、一方の集合 X の各要素に対し、他方の集合 Y のただ一つの要素を結びつける対応のことであり、$f : X \to Y$ などと記す。

次に連立一次方程式と、行列の関係、さらに行列と写像の関係を示します。

📖 連立一次方程式の行列による表現

例えば、x_i と y_i を元の実数として、次のような n 変数の連立一次方程式を考える。

$$a_{1,1}x_1 + a_{1,2}x_2 + \cdots + a_{1,n}x_n = y_1$$
$$a_{2,1}x_1 + a_{2,2}x_2 + \cdots + a_{2,n}x_n = y_2$$
$$\vdots$$
$$a_{n,1}x_1 + a_{n,2}x_2 + \cdots + a_{n,n}x_n = y_2$$

この連立方程式は次のような n 次の正方行列 A と列ベクトルを使えば次のように表現できる[注14]。

$$A \begin{bmatrix} x_1 \\ x_2 \\ \vdots \\ x_n \end{bmatrix} = \begin{bmatrix} y_1 \\ y_2 \\ \vdots \\ y_n \end{bmatrix}$$

ただし、

$$A = \begin{pmatrix} a_{1,1} & a_{1,2} & \cdots & a_{1,n} \\ a_{2,1} & a_{2,2} & \cdots & a_{2,n} \\ \vdots & \vdots & \ddots & \vdots \\ a_{n,1} & a_{n,2} & \cdots & a_{n,n} \end{pmatrix}$$

である。

注14　行列とベクトルの積は、ベクトルを（行数か列数が 1 の）特殊な行列であると考えて、さきほど定義した行列積を適用する。

232

A.5 行列と線形写像、固有値、テンソル、カーネル関数と射影

🔲 行列と線形写像

さきほどの行列で n 変数の連立一次方程式を表現した式について、

$$A \begin{bmatrix} x_1 \\ x_2 \\ \vdots \\ x_n \end{bmatrix} = \begin{bmatrix} y_1 \\ y_2 \\ \vdots \\ y_n \end{bmatrix}$$

行列と実ベクトルの積は一つに定まるので、これを（n の座標からなる）n 次元の実数空間 X から同じく X への写像 $f : X \to Y$ とみなすことができる。つまり、

$$f(x) = y$$

ただし、

$$x = (x_1, x_2, \cdots, x_n) \in \mathbb{R}^n、 y = (y_1, y_2, \cdots, y_n) \in \mathbb{R}^n$$

となる。この関係は n 次の正方行列でなくても、$m \times n$ の行列と、$f : \mathbb{R}^n \to \mathbb{R}^m$ という写像の関係として成り立つ。

以上の議論で、行列によって、実数空間から実数空間への写像を作れることがわかりました。次にこの写像の性質を考察します。

🔲 線形写像：行列に対応する写像の持つ性質

$m \times n$ の行列に対応する写像 $f : R^n \to R^m$ は、実数空間 R^n、R^m に演算が導入されベクトル空間であるなどの条件[注15]を満たせば、次のような性質を持つ。

$x, y \in R^n、a \in R$ として、

①　$f(x + y) = f(x) + f(y)$（加法性）
②　$f(ax) = af(x)$

このような写像 f は線形写像（linear map）と呼ばれる。

ここまでの議論で行列から線形写像が誘導されることがわかりました。したがって、線形写像の性質は行列の性質に密接に関連しています。その説明をする前に、固有ベクトルと固有値について説明しましょう。

注15　その空間が加群（module）であることが条件。加群はベクトル空間を一般化したものであり、ベクトル空間であれば加群である。

付録 A　機械学習の基盤となる数学の概要

> ### ◾ 線形写像と固有ベクトル、固有値
>
> n 次の正方行列 A に対し、次の式を満たすようなゼロ・ベクトルでないベクトル x を固有ベクトル (eigenvector) といい、実数 λ を固有値 (eigenvalue) であるという。
>
> $$Ax = \lambda x$$
>
> 固有ベクトルと固有値は一つだけとは限らず、ゼロでない相異なるものが最大 n 個存在する。A が対角化可能の場合、重複を含めて n 個の固有値を持ち、ゼロでない相異なる固有値の数は行列 A のランク[注16] (rank) と一致する。
>
> 線形写像の観点からは、固有ベクトルは、行列 A による線形写像をしても、元のベクトルが λ 倍されるだけのベクトルである。

固有ベクトルは、対称行列と直交行列に深く関連しています。**表A-3**で、いくつかの種類の行列とそれに対応する写像の持つ主要な性質を簡単にまとめました。

表A-3　いくつかの種類の行列とそれに対応する写像の持つ主要な性質

演算	説明
正則行列の行列演算の特性	A が正則行列なら逆行列が存在し $AA^{-1} = E$ である[注17] A が正則行列ならば $BA = CA$ なら $B = C$ である A、B ともに正則行列ならば AB も正則行列で $(AB)^{-1} = B^{-1}A^{-1}$ である
正則行列による写像の性質	$n \times n$ の正則行列に対応する写像 $f : R^n \to R^n$ は次の性質を持つ ・1 対 1 の写像である（単射） ・上への写像（全射）である このような写像を線形同型写像 (linear isomorphism) であるという
直交行列による写像の性質	直交行列による写像 $f : R^n \to R^n$（これを直交変換という）は次の性質がある ・ベクトルの内積や長さを変えない 例えば次のような写像である $A = \begin{pmatrix} \cos\theta & -\sin\theta \\ \sin\theta & \cos\theta \end{pmatrix}$（$\theta$ 度回転させる写像）
対称行列の対角化と固有値分解	A が実数値を成分とする対称行列であれば、ある直交行列[注18] P が存在し $P^{-1}AP$ が対角行列になる このとき、対角行列の対角成分は A の固有値からなり、直交行列 P の各列は各固有値に対応する固有ベクトルからなる

注 16　ランク(rank)は行列および線形写像における重要な量で、いくつかの切り口による定義が可能である。例えば、行列 A の一次独立な列（または行）ベクトルの最大の個数、あるいは A の正則な部分行列でサイズが最大なもの（のサイズ）など。

注 17　これは正則行列の定義である。

注 18　A が複素かつ随伴行列である場合（つまり $A^* = A$ の場合）はユニタリ行列で対角化できる。

A.5 行列と線形写像、固有値、テンソル、カーネル関数と射影

　ディープラーニングなどで、テンソルという言葉がときどき使われます。テンソルのわかりやすいイメージは次数が3以上の配列（array）です。しかし、行列を線形写像に対応させられたように、テンソルは多重線形写像として捉えることもできます。そして、それは現代数学の標準的なアプローチでもあります。ここでは、詳しい議論をする紙面はないので、2重（双）線形写像とテンソル空間（tensor space）との関係にごく簡単に触れておきます。

📖 双線形写像からテンソルへ

　V、W、X を同じ基礎体（例えば実数体）上の有限次元のベクトル空間とする。このとき、

$$f : V \times W \to X$$

が（詳しい説明は省略するが）さきほどの線形写像のような条件[注19]を満たすとき、写像 f は双線形写像（bilinear map）という。

　この双線形写像はテンソル積空間 $V \otimes W$ 上の線形写像を誘導する。

　さてここで少し話が変わりますが、機械学習において非常に重要な役割を担うカーネル関数の写像と内積との関係を簡単に説明します。

📖 カーネル関数と内積の関係

　ある条件[注20]を満たすカーネル関数は、ユークリッド空間（厳密にはヒルベルト空間というユークリッド空間を拡張した空間）への射影と内積計算の両方を同時に行う効果がある。つまり、このカーネル関数 K について、次のような関係式が成り立つ内積 $\langle , \rangle$ と写像 φ が存在する。

$$K(x, \acute{x}) = \langle \varphi(x), \varphi(\acute{x}) \rangle$$

　この φ がもともとの集合（機械学習の場合データ集合）からユークリッド空間など（これを特徴空間という）への写像であり、必ずしも明示的である必要はない（つまり陰伏的（implicit）な写像のことである）。これが、カーネルトリックである。

注19　双線形写像の片方の成分を固定し、もう片方を変動させることで得られる写像がともに線形写像となるような条件。

注20　少し難しい用語の説明になるが、そのカーネル関数が再生核ヒルベルト空間（reproducing kernel Hilbert space）という関数空間（関数の集合が作る空間）の再生核（reproducing kernel）であることがその条件になる。再生核ヒルベルト空間は正の値を取るカーネル関数（正定値カーネル）によって生成されるヒルベルト空間である。

付録A　機械学習の基盤となる数学の概要

A.6　確率空間、確率変数、確率分布

現代確率論では、確率は確率空間(Ω, F, P)という枠組みで議論されます。20世紀初頭のロシアの大数学者コルモゴロフ[注21]によって確立された現代確率論においては、確率がきちんと計測可能であることを担保するために、測度と可測空間をセットとして扱うことが必須になったのです。確率空間のなかで(Ω, F)の部分は可測空間を意味します。可測空間は標本空間Ω(全体集合)と、そのσ加法族(または完全加法族)Fからなっています。Ωの要素ωは計測しようとする事象(その世界のある状態)を示します。そこに確率測度Pを加えたものが確率空間です。

📠 σ加法族と可測空間 (Ω,F) の定義

標本空間(集合)Ωの部分空間Fが次の条件を満たす場合、σ加法族(sigma-field)と呼ばれ、ΩとFのセット(Ω, F)を可測空間という。

① $\Omega \in F$(全体集合がFの要素)

② $A \in F \Rightarrow A^c \in F$(補集合も$F$の要素)

③ $A_n \in F, n = 1, 2, 3 \cdots$は有限または可附番無限$\Rightarrow \cup_n A_n \in F$(和集合も$F$の要素)

📠 確率測度 (確率) の定義

可測空間(Ω, F)の$A \in F$で定義された(集合)関数Pが次の条件を満たす場合に、確率測度(または確率)という。

① $0 \leq P(A) \leq 1$

② $A = \cup_n A_n$かつA_nが互いに素[注22](disjoint)であれば
$P(A) = \sum_n P(A_n)$(完全加法性)

③ $P(\Omega) = 1$(事象の全体が起こる確率)

確率測度Pの直感的な意味は、測度という言葉を除いて単に「確率」と理解していただいて差し障りありません。つまり、$A(A \in F)$という事象に対し、$P(A)$は事象Aが起きる確率を意味します。

注21 アンドレイ・コルモゴロフ(Andrey Kolmogorov, 1903 - 1987)はロシアの数学者で、測度論にもとづく現代確率論を確立した。

注22 集合族(集合の集合)が互いに素(disjoint)であるとは、任意の二つの要素集合が交わりを持たないこと。

A.6 確率空間、確率変数、確率分布

■ 条件付き確率の定義と独立

確率空間 (Ω, F, P) において事象 $A, B \in F$ で $P(B) > 0$ の場合、次の式を事象 A の条件付き確率という。

$$P(A|B) = \frac{P(A \cap B)}{P(B)}$$

ここで、$A \cap B$ は事象 A と B の集合積 (共通部分) を示す。

また、$P(A \cap B) = P(A) \cdot P(B)$ のとき事象 A と事象 B は独立であるという。このとき $P(A|B) = P(A)$ である。

機械学習において非常に重要なベイズの定理は条件付き確率に関する定理です。

■ ベイズの定理

$P(A) > 0$ かつ $P(B) > 0$ の場合、次の関係式が成り立つ。

$$P(A|B) = \frac{P(B|A) \cdot P(A)}{P(B)}$$

確率的にランダムに変動する値は、次のような確率変数 (random variable) によって数学的にモデル化されます。

■ 確率変数の定義

関数 X が集合 Ω で定義され実数値をとり (つまり $X : \Omega \to R$)、σ 加法族 F について可測関数[23] (measurable function) であれば X は確率空間 (Ω, F, P) の確率変数 (random variable) であるという。

確率変数の分布がどのような形状をしているかは、分布関数や密度関数として示されます。

付録

───────────────────────
注23 可測空間の間の関数が可測関数であるとは、各可測集合に対するその原像が可測であること。この場合、S を R 上の σ 加法族としたときに、関数 $X : (\Omega, F) \to (R, S)$ について、$B \in S \Rightarrow X^{-1}(B) \in F$ が成り立つ場合に X は可測関数であるという。

237

付録A　機械学習の基盤となる数学の概要

📖 確率分布関数と確率密度関数

確率空間 (Ω, F, P) 上のある確率変数 X について、次のように定義される関数 F を確率分布関数 (distribution function) という。

$$F(x) = P(X \leq x)$$

$F(x)$ を P と X の合成関数とみなした場合、$f(x) \geq 0$ なる (ルベーグ) 積分可能[注24] な関数が存在し次の関係を満足する。この $f(x)$ を確率密度関数 (probability density function) という。

$$F(x) = P(X \leq x) = \int_{-\infty}^{x} f(u)du$$

$f(x)$ は $F(x)$ のラドン＝ニコディム微分[注25] である。

とくに σ 加法族が高々可算個の要素からなり、それらが全体集合以外は互いに素である場合は離散型の分布と呼ばれることもある。

確率分布関数には次のような重要な性質があります。

📖 確率分布関数の重要な性質

- $0 \leq F(x) \leq 1$
- $F(x)$ は x に関して単調増加である
- $\lim_{x \to -\infty} F(x) = 0, \lim_{x \to \infty} F(x) = 1$
- $F(x)$ は右連続関数である

確率分布には、いくつかのよく知られた分布がありますが、そのなかでもとくによく使われる正規分布の確率密度関数を示します。

注24　ルベーグ積分 (Lebesgue integral) は (高校などで習う) 通常の積分 (これをリーマン積分という) の拡張で、より多くの集合 (領域) で積分計算が可能になっている。確率空間に σ 加法族を導入しているのは、ルベーグ積分が可能であることを担保するためである。

注25　ラドン＝ニコディム微分 (Radon-Nikodym derivative) は測度論における重要な定理であるラドン＝ニコディムの定理から導かれる結果である。

A.6 確率空間、確率変数、確率分布

正規分布の確率密度関数

平均 μ、分散 σ^2(標準偏差 σ)の正規分布の確率密度関数は次のとおり。

$$f(x) = \frac{1}{\sqrt{2\pi\sigma^2}} \cdot \exp\left(-\frac{(x-\mu)^2}{2\sigma^2}\right)$$

$\mu=0, \sigma=1$ の場合はとくに標準正規分布と呼ばれる。

ちなみに、ガウシアン・カーネル (RBF) 関数は、正規分布の確率密度関数を一般化した形である。

機械学習においては、多くの場合多数の特徴量を利用して分析を進めます。そのような状況をもし数学的なモデルとして表現する場合は、多数の確率変数を同時に考慮する同時確率分布 (joint probability distribution) が利用されます。

同時確率分布関数と同時確率密度関数

$X_1, X_2, \cdots, X_n$ が確率空間 (Ω, F, P) 上の n 個の確率変数であるとき、次の関数 F を同時確率分布関数 (joint distribution function) という。

$$F(x_1, x_2, \cdots, x_n) = P\left(\bigcap_{i=1}^{n}(X_i \leq x_i)\right)$$

また、$f(x_1, x_2, \cdots, x_n) \geq 0$ なる (ルベーグ) 積分可能な関数が存在して、次の関係を満足する。この f を同時確率密度関数 (joint probability density function) という。

$$F(x_1, x_2, \cdots, x_n) = \int_{-\infty}^{x_n} \cdots \int_{-\infty}^{x_1} f(u_1, \cdots, u_n) du_1 \cdots du_n$$

次に、平均、分散、共分散、相関係数を示します。

平均値と分散

確率変数 X の平均値と分散をそれぞれ E と V という記号 (オペレータ) で記せば、確率密度関数 f を使って次のように計算される。

$$E(X) = \int_{-\infty}^{\infty} x f(x) dx$$
$$V(X) = \int_{-\infty}^{\infty} (x - E(X))^2 f(x) dx$$

付録A　機械学習の基盤となる数学の概要

📊 共分散と相関係数

同時確率分布関数の共分散$\mathrm{cov}(X,Y)$と相関係数ρは次のように計算される。

$$\mathrm{cov}(X,Y) = E\left[(X - E(X))(Y - E(Y))\right]$$

$$= \int_{-\infty}^{\infty}\int_{-\infty}^{\infty}(x - E(X))(y - E(Y))f(x,y)dxdy$$

$$\rho = \frac{\mathrm{cov}(X,Y)}{\sqrt{V(X)V(Y)}}$$

A.7　統計的推定

次に統計的推定に関連するいくつかの重要な項目を説明します。まず、第2章でも説明したベイズ統計とフィッシャーらによる推測統計（頻度統計）の違いについてもう一度説明します。

表A-4　推測統計とベイズ統計の簡単な比較

統計方法	説明
推測統計（頻度統計）	対象の母数θ（真の統計的性質）が不変なものであり、それを観測データから推測しようとするアプローチ。部分から全体を推測するともいえる。集団の規則性は大量の標本を観察することによって、そしてそうした方法によってのみ発見することができるものだという考え
ベイズ統計	母数θは未知であり、標本から母数自体を推測しようとするアプローチ

統計や機械学習では、標本や学習データを使ってなんらかの変数を推定することが重要な目的や要素になります。ただし、推定量がどのような特性を満足すればよいのかについては、いくつかの考え方があり、そのうちのどれが最も優れているのかは必ずしも明確ではありません。**表A-5**は、推定量が満たすべき望ましい条件の主要なものです。ちなみに、ある具体的な方法で推定された推定量は、このなかの複数の特性を満足することもあります。

A.7 統計的推定

表A-5 推定量の望ましさに関連するおもな概念

概念	説明
一致推定量（consistent estimator）	観測するサンプルの大きさを増やせば、やがて真の値（母数 θ）に一致するような統計量 つまり、サンプル数 n に対応する推定量を $\hat{\theta}_n$ とした場合に、任意の ε に対し $\lim_{n\to\infty} P[|\hat{\theta}_n - \theta| < \varepsilon] = 1$ となる。
不偏推定量（unbiased estimator）	母数の統計量の期待値 $E(\hat{\theta})$ が母数 θ の値と一致するような統計量。つまり $E(\hat{\theta}) = \theta$ となる推定量 $\hat{\theta}$ これが一致しない統計量にはバイアスがあるという
一様最小分散推定量（UMVUE[注26]）	不偏推定量でさらにほかの推定量より一様に（ほかの任意の不変推定量に対して）その統計量の分散 $V(\hat{\theta})$ が小くなるような統計量 非常に望ましい量だが、「一様」という条件はかなり強い条件であり、実際には UMVUE が存在することは多くない
有効推定量（efficient estimator）	一様最小分散推定量であるための十分条件の一つに、クラメール - ラオの不等式（Cramér–Rao's inequality）の下限を達成しているかどうかによって判定する方法がある。有効推定量はクラメール - ラオの下限を達成している不偏推定量のことであり、有効推定量であれば、それは一様最小分散推定量である
最尤推定量（MLE[注27]）	観測したデータから、「尤もらしさが最大な」値を推定する方法 尤もらしさは次のような尤度関数 L で計測される $L(\theta|x) = f(x|\theta)$ 尤度関数は、母数が θ である場合の x の条件付き密度関数のことで、これを最大にするような θ が尤もらしさが最大と解釈される。最尤推定量は尤度関数を最大にする統計量
最大事後確率（MAP[注28]）	ベイズ推定において、事前確率のパラメータ θ（母数でない）をベイズの定理を用いて最尤推定量[注29]になるように推定する方法 $\hat{\theta}_{\mathrm{MAP}} = \arg \max_{\theta} f(x|\theta)g(\theta)$ ここで $g(\theta)$ はパラメータ θ の密度関数

　機械学習の多くのアプローチでは、**表A-6**に示すようなベイズ推定のプロセスに似た手続きを踏んで学習を行います。

付録

注 26　Uniform Minimum Variance Unbiased Estimator の略。
注 27　Maximum Likelihood Estimator の略。
注 28　maximum a posteriori の略。
注 29　パラメータ θ 自体が確率変数であるとみなして推定する。

付録A　機械学習の基盤となる数学の概要

表A-6　ベイズ推定のプロセスに関連する重要な概念

項目	説明
事前確率（prior probability）	ベイズ推定では、統計的推定をする際に、観測データを利用する前に推定量の確率分布のパラメータθを最善と思われる[注30]方法で推定する。このパラメータを使った確率分布を事前確率という
ベイズ更新（Bayesian updating）	観測データXを使って、事前確率のパラメータθを更新（修正）する。この更新には、例えば前表で説明した最大事後確率（MAP）による推定量$\hat{\theta}_{\mathrm{MAP}}$などが使われる
事後確率（posterior probability）	更新されたパラメータを使った確率分布のこと。機械学習ではしばしばベイズ更新を何度も繰り返して学習する。その際には、前回得られた事後確率を事前確率とみなして新しいデータを使って更新する

次に、機械学習でよく利用される、具体的な推定量の算出方法を説明します。

表A-7　推定量を算出するおもな具体的手法

手法	説明
最小平均二乗誤差（MMSE）	理論値（予測値）と実際の値の差（これを残差という）の二乗の値の（全サンプルの）平均値を最小に推定する方法 つまり実際の値をY_i、理論値を$f(X_i)$とすると次の値の最小化 $$\mathrm{MSE} = \frac{1}{n}\sum_{i}^{n}\left(Y_i - f(X_i)\right)^2$$ パラメータθを観測値の線形結合で推定するとき MMSE で求めた推定量は不偏推定量であるとともに最小分散推定量になる（ガウス - マルコフの定理）
ミニマックス推定量	最適化問題に損失（リスク）関数が定義されている場合に、想定される損失[注31]（リスク）の最大値が最も小さくなるように推定された統計量のこと

A.8　最適化の手法

　機械学習では、例えば損失関数の最小化といった最適化の計算が（しばしば何度も繰り返し）行われます。その際具体的にその最適解をどのように探し当てるのかにもさまざまなやり方があります。ここではよく使われるパラメータやアルゴリズムなどを表にして紹介します。

注30　これが最善かどうかはしばしば設定者の主観に依存するので「主観確率」ともいわれる。主観といっても全くデタラメというわけではない。フィッシャーは事前確率の主観性を徹底的に排除しようとした。
注31　この損失の尺度（関数）として、平均二乗誤差（MSE）がよく使われる。

A.8　最適化の手法

表A-8　最適化計算でよく使われるパラメータや級数

パラメータ等	数式
勾配（gradient）	n 変数の関数（ベクトル）の偏微分 $$\nabla f = \begin{bmatrix} \dfrac{\partial f}{\partial x_1} \\ \vdots \\ \dfrac{\partial f}{\partial x_n} \end{bmatrix}$$
ヤコビ行列（Jacobian）	勾配の多変数ベクトルへの拡張 $$J_f = \begin{bmatrix} \dfrac{\partial f_1}{\partial x_1} & \cdots & \dfrac{\partial f_1}{\partial x_n} \\ \vdots & \ddots & \vdots \\ \dfrac{\partial f_m}{\partial x_1} & \cdots & \dfrac{\partial f_m}{\partial x_n} \end{bmatrix}$$
ヘッセ行列（Hessian）	勾配ベクトルをもう一度偏微分（2階偏微分）した行列 $$\nabla^2 f = \begin{bmatrix} \dfrac{\partial^2 f}{\partial x_1{}^2} & \cdots & \dfrac{\partial^2 f}{\partial x_1 \partial x_n} \\ \vdots & \ddots & \vdots \\ \dfrac{\partial^2 f}{\partial x_n \partial x_1} & \cdots & \dfrac{\partial^2 f}{\partial x_n{}^2} \end{bmatrix}$$
テーラー級数	$$f(x+h) = f(x) + \frac{\nabla^1 f}{1!}h + \frac{\nabla^2 f}{2!}h^2 \cdots$$ ただし $\nabla^i f$ は関数 f の i 階微分

表A-9　最適化問題の典型的な問題設定

概念	説明
目的関数（objective function）	最適化問題である関数 f の最小値（あるいは最大値）を探したい場合、その関数 f を目的関数という
制約条件（constrains）	探すべき変数 X が満足すべき条件。典型的には、X の変数の値が取り得る領域など。この制約条件を満足しながら目的関数の最小（最大）を探す

付録

付録A　機械学習の基盤となる数学の概要

表A-10　代表的な最適化のアルゴリズム

アルゴリズム	説明
ラグランジェの未定乗数法	最適化問題の制約条件に対して、未定乗数（Lagrange multiplier）を導入し、これを新たな変数として考えることで、より簡単な極値問題に置き換えて解く方法
最急降下法（gradient descent）	$x = (x_1, x_2, \cdots, x_n)$ に対する関数 $f(x)$ の最小値を求める問題を、勾配 ∇f を使って反復計算 $x^{(k+1)} = x^{(k)} - \eta \nabla f$ ただし $x^{(k)}$ は k 回目の反復計算で得られた（最適）解
確率的勾配降下法（SGD[注32]）	最急降下法と似ているが、勾配の代わりに確率的勾配 $\nabla Q^{(k)}$ を利用して次の反復計算を行う $x^{(k+1)} = x^{(k)} - \eta \nabla Q^{(k)}$ ディープラーニングのオンライン学習では、学習データを毎回ランダムにシャッフルしながら勾配を算出する[注33]
マルコフ連鎖モンテカルロ法（MCMC[注34]）	乱数を使ったシミュレーションにより最適解を求めたり分布の近似を行ったりする方法。マルコフ連鎖というのは、次の確率的な変動が現在の状態だけに依存し過去の経路などに依存しないような確率的なプロセスのこと。MCMC にはいくつかのアルゴリズムがあり、メトロポリス法、ギブスサンプリング、メトロポリス・ヘイスティング法、シミュレーティッド・アニーリング（焼きなまし法）などがよく使われる

注32　Stochastic Gradient Descent の略。
注33　これに対し、ミニバッチ学習では複数（バッチサイズ）の学習データをランダムに選び勾配を計算する。
注34　Markov chain Monte Carlo methods の略。

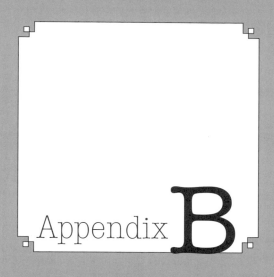

Appendix B

RとPythonの
データ分析に関連する
基本的コマンドの比較

付録B　RとPythonのデータ分析に関連する基本的コマンドの比較

　データ分析に関連するRとPythonの基本的コマンドの比較を示します。Rでは
ほとんどのコマンドが基本関数として用意されているのに対し、Pythonでは多く
をNumPyとPandasのライブラリに依存しています。とはいえ、RとPythonは、
ほとんど同じ機能を備えていることもわかります。

B.1　基本的機能

表 B-1　データの型の名称

型	R	Python
整数	Integer (numeric)	Int long（長整数）
実数	double (numeric)	float
複素数	complex	complex
文字	character	str
論理	logical	bool

表 B-2　各種確認

コマンド	R	Python
データの型の確認	typeof(data)	type(data)
データの構造（クラス）の確認	class(data)	type(data)
データ構造の細部	str(data)	
カレントディレクトリの確認	getwd()	import os os.getcwd()

　次は、基本演算ですが、Pythonの math.exp(a) などの表示は、import math と入
力して mathライブラリ（標準ライブラリ）を事前に読み込んでから実行する必要が
あります。

表 B-3　基本的演算

コマンド	R	Python
加減乗除（＋，－，×，÷）	+, -, *, /	+, -, *, /
べき乗（aのb乗）	a^b	a**b
剰余（a割bの余り）	a %/% b	a % b
累乗（exp(a)）	exp(a)	import math math.exp(a)
自然対数（log(a)）	log(a)	math.log(a)
円周率	pi	math.pi

246

B.1 基本的機能

表 B-4　数値の比較

コマンド	R	Python
等しい（a と b が等しい）	a == b	a == b
等しくない（a と b が等しくない）	a != b	a != b
未満（a は b 未満）	a < b	a < b
以下（a は b 以下）	a <= b	a <= b

表 B-5　論理演算（集合演算）

コマンド	R	Python
論理積 条件文（a かつ b）	a && b	a and b
論理和 条件文（a または b）	a || b	a or b
論理積 要素単位（a かつ b）	a & b	a and b
論理和 要素単位（a または b）	a | b	a or b
否定（a でない）	!a	not a

表 B-6　四捨五入／切り上げ／切り下げ

コマンド	R	Python
四捨五入（a を少数 3 桁で）	round(a,3)	round(a,3)
切り上げ（a の切り上げ）	ceil(a)	ceil(a)
切り下げ（a の切り下げ）	floor(a)	floor(a)

表 B-7　ループ／ if 文／関数の定義

コマンド	R	Python

ループ（5 回）	for (i in 1:5) {
	　print(i)
	}
		for i in range(5):
		　print(i)

if 文	if (3 >= 2) {
	　print("True")
	}
		if 3 >= 2:
		　print("True")

if else 文	if (3 <= 2) {
	　print("True")
	}else{
	　print("False")
	}
		if 3 <= 2:
		　print("True")
		else:
		　print("False")

関数の定義	f <- function(x){
	　return(x+3)
	}
		def f(x):
		　return(x+3)

付録

247

付録B　RとPythonのデータ分析に関連する基本的コマンドの比較

表B-8　リストの作成とスライス（抽出）

コマンド	R	Python
リストの作成（一つの成分）	list(c("a","b","c"))	["a","b","c"]
リストの作成（二つの成分）	list(1:3,c("a","b","c"))	[[1,2,3],["a","b","c"]]
リストの第1成分のスライス	L<- list(1:3,c("a","b","c")) L[[1]]	L=[[1,2,3],["a","b","c"]] L[0]
第1成分の第1成分	L[[1]][1]	L[0][0]

B.2　ベクトル、行列などの作成と操作および数値計算（NumPy機能の対応）

　Rではベクトルや行列などの作成や操作は基本機能でできますが、Pythonの場合はNumPyライブラリを import numpy as np というコマンドで事前に読み込む必要があります。

表B-9　ベクトル、行列、配列の作成[注1]と変形

コマンド	R	Python
ベクトルの作成（(1,2,3)）	c(1,2,3) または c(1:3)	import numpy as np np.array([1,2,3]) または np.arange(1,4)
ベクトルの作成（(1,1,1)）	rep(1,3)	np.repeat([1], 3)
ゼロ行列の作成（3行4列）	matrix(0,3,4)	np.zeros((3,4))
行列作成	matrix(c(1:4),2,2)	np.array([[1, 2], [3, 4]])
3次元配列作成 （成分値ゼロ、2×2×2）	array(rep(0,8),c(2,2,2))	np.zeros((2,2,2))
3次元配列作成 （成分値1から8、2×2×2）	array(c(1:8),c(2,2,2))	np.arange(1,9).reshape((2,2,2))
単位行列の作成（3×3）	diag(3)	np.eye(3)
行列の転置（行列m）	t(m)	m.T
行列のベクトル化	as.vector(t(m))	m.flatten()

注1　RとPythonでは行列の縦、横が逆に作られる。同じように作りたい場合は転置する。

248

B.2　ベクトル、行列などの作成と操作および数値計算(NumPy機能の対応)

表B-10　ベクトル、行列、配列のスライス（抽出）

コマンド	R	Python
ベクトルからのスライス （答え (13,14)）	c(11:20)[3:4]	np.arange(11,21)[2:4]
行列の列スライス（第2列）	m<-matrix(c(1:9),3,3) m[,2]	m=np.arange(1,10).reshape((3,3)) m[:,1]
行列の行スライス（第1行）	m[1,]	m[0, :]
最初の数行の表示	head(m) または head(m,3)	m[:3,]
最後の数行の表示	tail(m)	m[-3:,]
3次元配列から行列をスライス （最初の行列）	a<-array(c(1:8),c(2,2,2)) a[, ,1]	a=np.arange(1,9).reshape((2,2,2)) a[:, :, 0]
次元確認	dim(a)	a.shape

表B-11　条件に合致する要素の検出

コマンド	R	Python
合致しない要素の検出	a <- c(1,1,2) which(a != 1)	a=np.array([1,1,2]) np.where(a!=1)
不等号で検出	which(a > 1)	np.where(a>1)

表B-12　ベクトル、行列の演算、集計など（対象の行列をmとする）

コマンド	R	Python
ベクトルのドット積（内積）	a %*% b	np.dot(a,b)
各要素の積（行列m1、m2）	m1*m2	m1*m2
行列積	m1 %*% m2	np.dot(m1,m2)
行列のランク[注2]	library(Matrix) rankMatrix(m)	np.rank(m)
行列式	det(m)	np.linalg.det(m)
固有ベクトル	eigen(m)$vectors	np.linalg.eig(m)
要素の最大値	max(a,b)	np.concatenate((a,b)).max()
ペア同士[注3]の最大値	pmax(a,b)	np.maximum(a,b)
列の和	colSums(m)	m.sum(axis=0)
列の平均	colMeans(m)	m.mean(axis=0)
行の和	rowSums(m)	m.sum(axis=1)
要素ソーティング（昇順）	t(sort(m))	np.sort(m,axis=None)
要素ソーティング（降順[注4]）	t(sort(m,decreasing = T))	-np.sort(-m,axis=None)

注2　Rでは「Matrix」というパッケージを使う必要がある。
注3　同じサイズのベクトルや行列の対応する成分。
注4　np.sortには降順機能がないので、要素に−1を乗じ、ソート後に再び−1を乗じている。

付録B　RとPythonのデータ分析に関連する基本的コマンドの比較

表B-13　行列の結合（二つの行列をm1とm2とする）

コマンド	R	Python
列の結合	cbind(m1,m2)	np.hstack((m1,m2))
行の結合	rbind(m1,m2)	np.vstack((m1,m2))

表B-14　乱数の生成

コマンド	R	Python
一様乱数（5個）	runif(5)	np.random.rand(5)
一様乱数（3×3行列）	matrix(runif(3^2), 3, 3)	np.random.random ((3, 3))
正規乱数（5個）	rnorm(5)	np.random.randn(5)
一様乱数 seed 指定（10個）	set.seed(1);runif(10)	np.random.seed(0) np.random.rand(10)
正規乱数 seed 指定（10個）	set.seed(2);rnorm(10)	np.random.seed(1) np.random.randn(10)

B.3　データフレームの作成・操作など（Pandas機能の対応）

Pythonでは、ベクトルや配列はNumPyの機能で扱いますが、より複雑な構造のデータフレームや、それらの読み書きなどにはPandasライブラリが必要になり、import pandas as pdと入力してライブラリを読み込む必要があります。またPandasではデータのスライスの方法がNumPyと少し異なる点に注意が必要です。

表B-15　データの読み込み、書き込み

コマンド	R	Python
csv ファイルの読み込み	df <- read.csv("name.csv")	import pandas as pd df = pd.read_csv("name.csv")
csv ファイルの書き込み	write.csv(df,"name.csv", sep="")	df.to_csv("name.csv")

B.3 データフレームの作成・操作など(Pandas機能の対応)

表B-16 データフレームの作成とその操作

コマンド	R	Python
データフレームの作成	id<-c(001,002) name <- c("John","Mary") age <- c(35,29) df <- data.frame(id,name,age)	df = pd.DataFrame([["001","John","35"], ["002","Mary","29"]], columns=["id","name","age"])
データフレームのスライス (第2行)	df[2,]	df.iloc[1:2]
データフレームのスライス (第2列)	df[,2] または df[,"name"]	df.iloc[: ,1] または df["name"]
要素の抽出 (1行、2列)	df[1,2]	df.iat[0,1]
最初の数行の表示	head(df)	df.head()
最後の数行の表示	tail(df)	df.tail()
列名 (取得)	colnames(df)	df.columns
行名 (取得)	rownames(df)	df.index

表B-17 データの要約、抽出

コマンド	R	Python
データの要約	summary(df)	df.describe()
部分集合の抽出[注5]	subset(df, df$name %in% "John")	df[df["name"] == "John"]

注5　この例では、さきほど作ったデータフレームで、name が John であるような部分集合を作っている。

おわりに

　本書は筆者の4冊目の著作です。これまでもAIと金融をテーマにした本はありましたが、長年の専門分野だった金融と全く関係のない本としてははじめてのものです。

　筆者が、AIと機械学習に注力していくことを決めたのは今から約4年前のことです。そのきっかけはおもに二つあります。一つは当時話題に上り始めていたディープラーニング、もう一つはパックマンなどさまざまなゲームを自らゼロから学習して攻略するDeepMindのAIの登場です。とくに後者の登場は衝撃的でした。2016年春に囲碁のトップ棋士のイ・セドルを破って有名になる1年以上前の2015年2月、DeepMindは有名な科学誌であるNatureに自律的にボードゲームを攻略するAIに関する論文を掲載し、一部の人々の間で話題になっていたのです。筆者は、この論文や、デイビッド・シルバーの強化学習に関するプレゼン資料を夢中になって読み、これから時代が急激に変化することを確信しました。本書で、DeepMindに対する思い入れが強いと感じた読者もいるかもしれませんが、それにはこのような背景があるからです。

　AIや機械学習関連の本を書かないかという話をオーム社からいただいたのは2018年の10月末のことでした。最初はAIの入門書的なものにしようかと考えたのですが、オーム社の津久井靖彦さん、宮本慶子さんと何度か議論する中で本書のような機械学習のガイドブックという形にすることが決まりました。これは、利用される寿命が短い入門書ではなく、もっと長い期間に渡ってそばに置いて読んでいただけるだけの内容を備えた本にしたいという筆者の希望を、津久井さんと宮本さんが受け入れてくれたからです。実際にそのような本になったかどうかは読者の判断に委ねますが、筆者としては、5か月近くに渡って、この本に相当な注力をしたつもりです。

　本書の最初の7章は、おおむね当初の計画どおりの内容ですが、第8章以降の2

つの付録までは執筆途中に計画変更や追加を加えたものです。ディープラーニングについては、CNNによるMNISTの分析だけでも、思った以上の紙面が必要になりました。また、アルファゼロについても、思い入れがあって、いろいろなことを説明したくなりました。最後に二つの付録を付け加えたのは、当初の脱稿時期に近づいた時点での予定変更だったため、宮本さんにはご迷惑を掛けました。付録を加えた理由は、RとPythonによる機械学習のガイドブックとしては、数学の基盤や、RやPythonを利用するのに便利な表も必要だろうと考えたからです。ただし、数学にも思い入れがあるせいか、書いているうちにあれこれ加えたくなったのですが、時間や紙面の関係もあるので、このくらいの分量で自制しました。

　本書は、いろいろな意味で良いタイミングに恵まれました。もしこの話が舞い込むのが1年早かったら、筆者が完全に金融から離れた本を書ける確信を持てなかったかもしれません。筆者は2017年夏に社内にAIファイナンス応用研究所という組織を作って、AIや機械学習にさらに注力していくことを決めました。この研究所におけるRやPythonを使った試行錯誤や、AIだけでなくいろいろな数理的技術に関して本当に幅広く的確な見識をもつ同僚の石崎文雄さんとのさまざまな議論によって多くを学びました。また、本書を執筆していた時期は、たまたま時間の調整がつきやすい時期であり、少しでもタイミングがずれていたら、ほかの仕事との関係で書き上げるのが大幅に遅くなっていたと思われます。付録の数学については、絶妙なタイミングで大学時代の数学科の友人達との会があり、静岡大学で数学の先生をされている関根義浩准教授に多くの貴重なコメントをいただくことができました。

　さて、本書が世に出るのは、平成の時代が終わり、新しい令和の時代が始まったばかりの時期です。これから、機械学習を取り巻く環境だけでなく、世の中全体も新しい時代に突入していくことでしょう。それがどんな時代になるのか、今からワクワクしています。

参考文献とそのガイド

以下、本書の参考文献ですが、今後の読者の学習のためにコメントも添えます。

R と Python

R と Python をさらに学ぶには [1] と [3]（英語）が良いでしょう。[2] は Python の
コンセプトを知るには良い本ですが数値計算関連の説明は詳しくありません。

[1] R サポーターズ (2017)『パーフェクト R』，技術評論社

[2] Lubanovic, B., (2014) "Introducing Python," O'Reilly Media. 斎藤康毅 訳 (2015)『入門 Python3』，オライリージャパン

[3] Johansson, R., (2016) "Introduction to Scientific Computing in Python," Free Tech Books.

機械学習全般

本書と並行して scikit-learn を使って機械学習を実践するのであれば、[6] が良
いでしょう。『Python 機械学習プログラミング』という題名で邦訳版も出ています。
また [4] と [5] は機械学習の名著でディープラーニング以外のアプローチを学ぶには
非常に良く、本書のいろいろなところで参考にしました。[4] は『パターン認識と機
械学習』という題名で邦訳版も出ています。[5] はツリー構造も含めてさまざまなア
プローチをまんべんなく説明していますが、内容的にはやや難しいかもしれません。

[4] Bishop, C. M., (2010) "Pattern Recognition and Machine Learning," Springer. 元田浩，栗田多喜夫，樋口知之，松本裕治，村田昇 監訳 (2012)『パターン認識と機械学習―ベイズ理論による統計的予測 上・下巻』，丸善出版

[5] Hastie, T., et al. (2009) "The Elements of Statistical Learning," Springer.

[6] Raschka, S., (2016) "Python Machine Learning," Packt Publishing. 株式会社クイープ 訳，福島真太朗 監訳 (2018)『Python 機械学習プログラミング―達人データサイエンティストによる理論と実践』，インプレス

SVMとカーネル法

[9]は良い本で内容は豊富ですが、数学に強い方でないと読みにくい内容だと思います。[13]はカーネル法に特化している貴重な邦書です。

[7] Boser, E. B., et al. (1992) "A Training Algorithm for Optimal Margin Classifiers," Proceedings of the fifth annual workshop on Computational learning theory.

[8] Cortes, C. and Vapnik, V.N., (1995) "Support-Vector Networks," Machine Learning 20(3).

[9] Cristianini, N. and Shawe-Taylor, J., (2000) "An Introduction to Support Vector Machines and Other Kernel-based Learning Methods," Cambridge University Press. 大北剛 訳 (2005)『サポートベクターマシン入門』, 共立出版

[10] Drucker, H., et al. (1997) "Support Vector Regression Machines," Advances in Neural Information Processing Systems 9 (NIPS 1996).

[11] Vapnik, V.N., (1982) "Estimation of Dependences Based on Empirical Data," Springer.

[12] Vapnik, V.N., (1998) "Statistical Learning Theory," John Wiley & Sons.

[13] 赤穂昭太郎 (2008)『カーネル多変量解析』, 岩波書店

ディープラーニング

[14] (R版) と [15] (Python版) は本書の第8章の土台になっている本であり、ディープラーニングを実践するのであれば、これらを使って学習することをお勧めします。[27]はよく知られた邦書でディープラーニングの部品の役割を理解するのに役立ちます。[28]も良心的な本です。[16] ～ [26]までは、ディープラーニングの発展の歴史上の重要な論文群ですので、ご興味があれば折をみてご覧ください。

[14] Chollet, F. and Allaire, J.J., (2018) "Deep Learnig with R," Manning Publications. 長尾高弘 訳 (2018)『RとKerasによるディープラーニング』, オライリージャパン

[15] Chollet, F., (2018) "Deep Learnig with Python," Manning Publications. 株式会社クイープ 訳 (2018)『PythonとKerasによるディープラーニング』, マイナビ出版

[16] Fukushima, K., (1980) "Neocognitron: A self-organizing neural network model for a mechanism of pattern recognition unaffected by shift in position," Biological Cybernetics 36.

[17] Glorot, X., et al. (2011) "Deep Sparse Rectifier Neural Networks" Proceedings of the Fourteenth International Conference on Artificial Intelligence and Statistics.

[18] Hinton, G.E., et al. (2012) "Improving neural networks by preventing co-adaptation of feature detectors," arXiv preprint arXiv:1207.0580.

[19] He, K., et al. (2016) "Deep Residual Learning for Image Recognition," CVPR.

[20] LeCun, Y., et al. (1998) "Gradient-Based Learning Applied to Document Recognition," Proceedings of the IEEE.

[21] Ioffe, S. and Szegedy, C., (2015) "Batch Normalization: Accelerating Deep Network Training by Reducing Internal Covariate Shift," arXiv:1502.03167v3.

[22] Krizhevsky, A., et al. (2012) "ImageNet Classification with Deep Convolutional Neural Networks," Advances in neural information processing systems.

[23] McCulloch, W. and Pitts, W., (1943) "A Logical Calculus of Ideas Immanent in Nervous Activity," Bulletin of Mathematical Biophysics 5.

[24] Rochester, N., et al. (1956) "Tests on a cell assembly theory of the action of the brain, using a large digital computer," IRE Transactions on Information Theory.

[25] Rumelhart, D.E., et al. (1986) "Learning Representations by Back Propagating Errors," Nature 323.

[26] Srivastava, N., et al. (2014) "Dropout: A Simple Way to Prevent Neural Networks from Overfitting," Journal of Machine Learning Research 15.

[27] 斎藤康毅 (2016)『ゼロから作るDeep Learning—Pythonで学ぶディープラーニングの理論と実装』, オライリージャパン

[28] 麻生英樹, 安田宗樹, 前田新一, 岡野原大輔, 岡谷貴之, 久保陽太郎, ボレガラ・ダヌシカ (2015)『深層学習—Deep Learning』, 近代科学社

▌そのほかのAI・機械学習とその関連技術

[32]はツリー構造のアプローチに特化した貴重な邦書ですが入門者向けではないかもしれません。

[29] Ho, T. K., (1995) "Random Decision Forests," ICDAR.

[30] Tibshirani, R., (1996) "Regression Shrinkage and Selection via the Lasso," Journal of the Royal Statistical Society.

[31] 櫻井豊 (2016)『人工知能が金融を支配する日』, 東洋経済新報社

[32] 下川敏雄, 杉本知之, 後藤昌司 (2013)『樹木構造接近法』, 共立出版

▌強化学習とアルファ碁

アルファ碁やアルファゼロに興味がある方であれば[34]～[39]までがDeepMindの重要な論文群なのでぜひご覧ください。[40]は長い間に渡って強化学習の唯一無二のテキストであった名著です。ただし、読みやすい本ではないので注意してください。

[33] Kocsis, L. and Szepesvari, C., (2006) "Bandit based Monte-Carlo Planning," Computer and Automation Research Institute of the Hungarian Academy of Sciences.

[34] Mnih, V., et al. (2014) "Playing Atari with Deep Reinforcement Learning," NIPS Workshop.

[35] Mnih, V., et al. (2015) "Human-Level Control Through Deep Reinforcement Learning," Nature 518.

[36] Silver, D. and Veness, J., (2010) "Monte-Carlo Planning in Large POMDPs," Advances in Neural Information Processing Systems.

[37] Silver, D., et al. (2016) "Mastering the game of Go with deep neural networks and tree search," Nature 529.

[38] Silver, D., et al. (2017) "Mastering the Game of Go without Human Knowledge," Nature 550.

[39] Silver, D., et al. (2017) "Mastering Chess and Shogi by Self-Play with a General Reinforcement Learning Algorithm," arXiv.

[40] Sutton, R.S. and Barto, A.G., (1998) "Reinforcement Learning," MIT Press. 三上貞芳, 皆川雅章 訳 (2000)『強化学習』，森北出版

歴史

[42] は統計の歴史を気軽に楽しめる貴重な本です。

[41] Fisher, R. A., (1936) "The Use of Multiple Measurements in Taxonomic Problems," Annals of Eugenics.

[42] Salsburg, D., (2001) "The Lady Tasting Tea," Henry Holt&co. 竹内惠行，熊谷悦生 訳 (2010)『統計学を拓いた異才たち』，日本経済新聞出版社

[43] Turing, A.M. (1950) "Computing Machinery and Intelligence," Mind 49.

数学

数学に関しては、優れた本はいろいろあるのですが、読者に強くお勧めできる本が多くないのも実情です。[52] は線形代数の長年の定番テキストで行列計算については妙に詳しく書いてありますが、わかりにくい記述も少なくありません。[51] は線形代数を抽象数学の視点で学ぶことができる貴重な本です。[48] はあまり一般的な本ではありませんが、現代数学の抽象的な思考方法に触れるには良い本です。[44] は確率・測度論の名著ですが少し分量が多すぎます。統計の本としては長い間 [50] や [54] などがよく使われてきましたが、最近の統計学の急激な変化により少し古い内容になりつつあります。

実は数学については英語版のWikipediaが非常に充実しています。数学的概念の意味がわからなくなったら英語のWikipediaで調べるのがよいかもしれません。

[44] Billingsley, P., (1986) "Probability and Measure," John Wiley & Sons.

[45] Moore, G.H., (1995) "The Axiomatization of Linear Algebra: 1875-1940," Historia Mathematica.

[46] Porteous, I. R., (1981) "Topological Geometry 2nd edition," Cambridge University Press.

[47] 伊藤清 (1953)『確率論』，岩波書店

[48] 入江昭二 (1957)『位相解析入門』，岩波書店

[49] 草間時武 (1975)『統計学』，サイエンス社

[50] 国沢清典 (1982)『確率論とその応用』，岩波書店

[51] 斎藤毅 (2007)『線形代数の世界―抽象数学の入り口』，東京大学出版会

[52] 斎藤正彦 (1966)『線型代数入門』，東京大学出版会

[53] 竹内外史 (1979)『数学から物理学へ』，日本評論社

[54] 竹内啓 (1963)『数理統計学：データ解析の方法』，東洋経済新報社

Index
索引

A

AID分析 (Automatic Interaction Detector analysis) 42
AlexNet 49
Anacondaディストリビューション 103
Apache Arrow 175

B

Boston Housingデータセット 150, 156

C

CART (classification and regression trees) 20, 42, 71
CRAN (Comprehensive R Archive Network) 86

D

DeepMind 52, 204

G

ggplot2 158
GPU (Graphics Processing Unit) 178

I

ImageNet 9, 23
IRIS 9

J

Jupyter Notebook 91

K

Kaggle 32
Keras 178
k近傍法 (k-nn) 22, 62, 124
k分割交差検証 137
k平均法 (k-mean) 66, 165

L

L1 (ノルム) 正則化 60
L2 (ノルム) 正則化 60
LSVRC (Large Scale Visual Recognition Challenge) 49

M

MNIST 9, 11, 180

N

NumPy 98

P

p-ノルム 226
Pandas 98
PypeR 168
Python 82
PyTorch 178

R

R 82
R Markdown 92
RBF (Radial Basis Function) 39, 116
ReLU関数 74
ResNet 49
reticulate 155
RStudio 91

S

scikit-learn 90, 106

T

TensorFlow 178
Tidyverse 86

V

VC次元 (Vapnik-Chervonenkis dimension) 39, 141

索引

X
XGboost 170

Z
Zスコア正規化 (z-score normalization) 134

あ
アウト・オブ・サンプル (out-of-sample) ...151
アラン・チューリング (Alan Turing) 37
アルファ碁 (AlphaGo) 205
アルファ碁ゼロ (AlphaGo Zero) 205
アルファゼロ (AlphaZero) 205
アレックス・クリジェフスキー (Alex Krizhevsky) 49
アンサンブル学習 42
アンドレイ・チホノフ (Andrey Tikhonov) 60

い
イェジ・ネイマン (Jerzy Neyman) 34

う
ウォーク・フォワード・テスト (walk forward testing)..152
ウォーレン・マカロック (Warren McCulloch) 44
ウラジミール・ヴァプニク (Vladimir Vapnik) 39

え
エージェント (agent) 79
エキスパート・システム 29
エポック数 (epochs) 186
エントロピー 120

お
オートエンコーダ (autoencoder) 48
オートマトン 38
重み係数 4

か
カーネル関数 (kernel functions) 39, 69, 116
カーネルトリック 69
カーネル密度推定 (density estimation) 162
カール・ピアソン (Karl Pearson) 34
回帰 (regression) 57
階層的 (hierarchical) クラスタリング 64

過学習 130
学習データ (training data) 136
確率空間 236
確率測度 236
確率的勾配降下法 (SGD) 244
確率分布関数 238
確率変数 237
確率密度関数 238
可測空間 236
活性化関数 (activation function) 74
完備性 (completeness) 226

き
機械学習 (machine learning) 2
逆行列 (inverse matrix) 230
強化学習 (reinforcement learning) 5, 78
教師あり学習 (supervised learning) 5
教師なし学習 (unsupervised learning)................5
行列 (matrix) 228
行列の積 229
距離空間 (metric space) 225

く
グイド・ヴァンロッサム (Guido van Rossum) 87
クラスタリング (clustering) 64

け
決定木 119
検証データ (validation data) 136

こ
交差エントロピー (cross entropy) 74
行動価値 (action value) 210
勾配 (gradient) 243
勾配消失 (vanishing gradient) 215
勾配発散 (exploding gradient) 215
勾配ブースティング (gradient boosting) 70, 171
誤差関数 (error function) 57
固有値 (eigenvalue) 234
固有ベクトル (eigenvector) 234

さ
最急降下法 (gradient descent)..........................244
最大・最小正規化 (min-max normalization)...134

260

最大事後確率 (MAP) 241
最尤推定量 (MLE) 241
サポートベクターマシン (SVM：support vector machine) 18, 67, 115
サポートベクトル (support vector) 68
残差ネットワーク (ResNet：residual network) 215

し

ジェフリー・ヒントン (Geoffrey Hinton) 48
σ加法族 (sigmafield) 236
時系列データ 150
次元削減 (dimensionality reduction) 138
次元の呪い 138
事後確率 (posterior probability) 242
自己対戦 (self play) 213
事前確率 (prior probability) 242
ジニ係数 120
人工知能 (AI：Artificial Intelligence) 6, 28
深層強化学習 (deep reinforcement learning) 53, 204
信頼上限 (UCB) 209

す

スクリプト言語 83

せ

正解ラベル 5
正規化 (normalization) 133
正則化 (regularization) 59, 139
正則行列 (regular matrix) 230
制約条件 (constrains) 243
線形空間 (linear space) 222
線形写像 (linear map) 233
線形分離分析 (linear discriminant analysis) 15, 112
全結合層 (fully connected layer) 74

そ

総合開発環境 (IDE) 91
双線型写像 (bilinear map) 235
ソフトマージン (soft margin) 68
ソフトマックス関数 (softmax) 74
損失関数 (loss function) 57

た

ダートマス会議 28
対称行列 (symmetric matrix) 230
畳み込み層 (convolution layer) 46, 74, 75
畳み込みニューラルネットワーク (CNN：Convolutional Neural Network) 44, 73
探索木 (tree search) 29

ち

チューリング・マシン 37
中間層 191
直交行列 (orthogonal matrix) 230

つ

ツリー構造 19

て

データ型 (datatype) 131
データ構造 (data structure) 131
データの水増し 143
デイビッド・シルバー (David Silver) 52
テストデータ (test data) 136
デミズ・ハサビス (Demis Hassabis) 52
テンソル 235

と

トーマス・ベイズ (Thomas Bayes) 33
統計的推定 240
同時確率分布関数 239
動的計画法 (dynamic programming) 79
動的プログラミング言語 83
特徴空間 69
特徴ベクトル 9
特徴量 9
特徴量エンジニアリング (feature engineering) 145
特徴量のスケーリング (scaling) 134
ドット積 (dot product) 227
ドナルド・ヘッブ (Donald Hebb) 45
ドロップアウト (dropout) 74, 77

な

内積 (inner product) 224
内積空間 (inner product space) 69, 224

261

索引

ね
ネオコグニトロン 45

の
ノルム付きベクトル空間 (normed vector space)
....224

は
バギング (bagging) 43
パッケージ 94
バッチ正規化 (batch normalization) 215
ハドリー・ウィッカム (Hadley Wickham) 86
汎化能力 (generalization) 39
半教師あり学習 5

ひ
ピエール＝シモン・ラプラス (Pierre-Simon
Laplace) 33
ヒルベルト空間 (Hilbert space) 226

ふ
ブースティッドツリー (boosted tree) 71
ブートストラップ (bootstrap) 43
プーリング層 (pooling layer) 46, 74, 75
フィルタ 74, 191
福島邦彦 45
不偏推定量 (unbiased estimator) 241
フランク・ローゼンブラット (Frank Rosenblatt)
....45
分類 2

へ
平均二乗誤差 (MSE：mean square error) 58
ベイズ更新 (Bayesian updating) 242
ベイズ統計 32
ベイズの定理 33, 237
ベクトル空間 (vector space) 222
変数重要度 (variable importance) 72

ほ
ホールドアウト 137

ま
マービン・ミンスキー (Marvin Minsky) 45
マルコフ連鎖モンテカルロ法 (MCMC) 244

み
ミニバッチ 78
ミニバッチ学習 (mini-batch) 74

も
目的関数 (objective function) 243
モンテカルロ木検索 (MCTS：monte-carlo tree
search) 205

や
ヤン・ルカン (Yann LeCun) 47

ゆ
ユークリッド内積 226

よ
予測 2

ら
ラッソ (Lasso) 60
ランダムフォレスト (random forest)
.... 21, 71, 122

り
リチャード・ベルマン (Richard Bellman) 79
リッジ (Ridge) 60

れ
レオ・ブレイマン (Leo Breiman) 42
レキシカル・スコープ 84

ろ
ロジスティック回帰 15, 57, 114
ロジット関数 58
ロス・イハカ (Ross Ihaka) 84
ロナルド・フィッシャー (Ronald Fisher) 34
ロバート・ジェントルマン (Robert Gentleman)
....84

〈著者略歴〉

櫻井　豊　（さくらい　ゆたか）

1986 年　早稲田大学理工学部数学科卒業

金融機関（東京（現：三菱 UFJ）銀行およびソニー銀行）の東京とロンドンで 20 数年間に渡ってデリバティブのトレーディングや商品開発、債券運用に携わったあと、2010 年よりリサーチアンドプライシングテクノロジー株式会社（RP テック）取締役。

2017 年からは同社内に設立した AI ファイナンス応用研究所の所長を兼務。

現在、AI・機械学習の多面的な応用の研究に注力しており、量子コンピュータの活用も研究テーマの一つ。おもな著書に『数理ファイナンスの歴史』（金融財政事情研究会）、『人工知能が金融を支配する日』（東洋経済新報社）がある。

- 本書の内容に関する質問は、オーム社書籍編集局「（書名を明記）」係宛に、書状または FAX（03-3293-2824）、E-mail（shoseki@ohmsha.co.jp）にてお願いします。お受けできる質問は本書で紹介した内容に限らせていただきます。なお、電話での質問にはお答えできませんので、あらかじめご了承ください。
- 万一、落丁・乱丁の場合は、送料当社負担でお取替えいたします。当社販売課宛にお送りください。
- 本書の一部の複写複製を希望される場合は、本書扉裏を参照してください。

JCOPY ＜出版者著作権管理機構 委託出版物＞

機械学習ガイドブック
R と Python を使いこなす

2019 年 6 月 25 日　　第 1 版第 1 刷発行

著　者	櫻井　豊
発行者	村上和夫
発行所	株式会社 オーム社

　　　　　郵便番号　101-8460
　　　　　東京都千代田区神田錦町 3-1
　　　　　電話　03(3233)0641(代表)
　　　　　URL　https://www.ohmsha.co.jp/

© 櫻井豊 2019

組版　トップスタジオ　　印刷・製本　三美印刷

ISBN978-4-274-22393-8　Printed in Japan